KB048601

오행체질 분류법에 따른

진제의 푸드 테라피

오행체질 분류법에 따른

진제의 푸드 테라피

펴낸날 | 2021년 2월 26일

지은이 | 일우 양진제

편집 | 정미영
일러스트 | 나문수
디자인 | 석화린
마케팅 | 홍석근

펴낸곳 | 평사리(Common Life Books)
주 소 | 경기도 고양시 덕양구 중앙로558번길 16-16. 705호
전 화 | 02-706-1970 팩 스 | 02-706-1971
전자우편 | commonlifebooks@gmail.com

ISBN 979-11-6023-272-1 (03590)

오행체질 분류법에 따른

진제의 푸드 테라피

일우 **양진제** 지음

평사리
Common Life Books

책을 펴내며

나는 천안 시내 중심이 아닌 외곽지역에 살고 있다. 어느 날 날이 어두워서 집에 들어오고 있는데 길 옆의 비닐하우스에 불빛이 환하게 보였다. 왜 밤에 저렇게 전깃불을 대낮같이 환하게 켜 놓았을까 집에 와서도 궁금하였다. 그리하여 다음날 알아보니 불이 켜져 있던 곳은 들깻잎을 키우는 비닐하우스였다. 밤에 전깃불을 켜놓은 이유는 들깻잎을 많이 수확하려면 꽃대가 올라오지 않아야 한단다. 그래서 밤새 불을 켜 놓고 잠을 재우지 않는 것이었다. 비닐하우스 안에서 광합성작용을 제대로 하지 못하는 것도 부족하여 이제는 잠까지 재우지 않는다. 식물도 잠을 재워야 한다. 사람도 잠을 제대로 자지 못하면 정신이 몽롱하듯이 식물도 또한 잠을 재우지 않고 자연의 섭리를 거스르면서 자란 식물이 온전할 수 있을까? 하는 생각에 이르니 마음이 편치 않았다.

선재 스님께 '약이 되는 사찰음식'을 사사받고도 강산이 변한다는 세월이 흘렀다. 스님이 아니면서 재가자로서 사찰식 약선요리를 강의하면서 늘 부족하다는 생각을 떨칠 수 없어 배움과 연구의 끈을 놓지 못하고 지냈다. 사찰식 약선은 요리의 장르 중에서도 특별

한 장르다. 단순한 수행 음식이 아니라, 말 그대로 약이 되는 음식을 말하기 때문이다. 무릇 '약'이란 누군가에겐 '약'이 되지만, 또 누군가에겐 '독'이 되는 법이다. 이는 곧, 체질과 맞지 않으면 아무리 좋은 음식도 '독'이 되고, 체질에 맞는 음식은 풋고추에 된장만 찍어 먹어도 '약'이 되는 것과 다름이 없다. 현대를 살아가는 우리는 잘못된 정보와 체질에 맞지 않는 섭생으로 건강을 잃는 경우를 적지 않게 경험한다. 음식으로 건강을 찾는 일에 보탬이 되고자, 요리하는 시간을 수행이라 생각하며 사찰식 약선과 식품영양학을 오행체질 분류법을 적용해 푸드 테라피를 공부하게 되었다. 체질을 정확하게 알게 되면 굳이 값비싼 식재료가 아니라 늘 밥상에 올릴 수 있는 제철 식재료로 건강한 식생활을 계획할 수 있다.

오행체질 분류법에 따른 푸드 테라피는 현대인의 식생활에 아주 적합한 방법이다. 1인, 2인 가구 수가 절반을 넘기고 있는(2019인구주택총조사, 통계청) 요즘 특히 더 그렇다. 요리는 정성과 시간과 비용이 많이 드는 일이기 때문이다. 예전에는 집안일과 바깥일이 나뉘어 있어, 부부 중에 남편을 바깥양반이라 칭하며 경제활동에 집중

하고 부인은 안사람이라 칭하며 집안일에 집중할 때는 이상적으로 운영이 가능했을 것이다. 온전히 가족들이 먹는 일에 집중해, 매끼 새 밥을 짓고 새 반찬을 하던 때는 엄마의 밥상만큼 건강한 밥상이 없었을 것이다. 하지만 남녀노소 모두가 사회활동에 바쁜 현대에는 이 또한 어려운 일일 수밖에 없다. 가족과 떨어져 1인 가구주로 생활하는 이들에겐 더욱 그럴 것이고. 그렇게 우리에게 가까워진, 빠르고 간편하고 노력과 고민을 들이지 않아도 되는 음식이 너무 익숙해져 버린 것 같다. 사찰식 약선요리로 강의를 진행하면서, 내게 바른 식생활과 건강에 대해 상담을 청하는 인연을 많이 만난다. 그런 인연들을 거듭 만나고, 또 경험이 쌓이면서 동양의학과 영양학 그리고 먹거리는 서로 독립된 것이 아니라 하나가 아닐까 하는 생각에 도달했다.

생활 습관은 병이 아니다. 인공적인 병원체라 할 수 있는 환경, 그리고 생활양식의 변화와 관련되어 있다. 그 중에서도 특히 먹거리와 가장 밀접한 관계에 놓여 있다. 우리는 스스로가 잘 알고 있는 것처럼, 오늘 먹은 음식을 통해 에너지를 얻고 그 에너지를 써서 하

루를 살아간다. 그러니 내 입을 통해 들어가는 음식이 얼마나 소중요한 것인지 다시 되새겨 볼 필요가 있다.

청대의 의학자인 여궁수가 말하기를 "식물은 사람에게 영양을 공급하는 수단이지만 사람에게 맞는 것이 있고 맞지 않는 것이 있다. 입을 통해 들어가는 음식이 장부에 맞으면 병을 치료하고 건강하게 하지만, 맞지 않으면 도리어 병을 키워 사람을 죽게 한다."라고 하였다.

고대 그리스의 의성 히포크라테스도 "음식물을 그대의 의사나 의약으로 삼아라.", "음식물로 고치지 못하는 질병은 의사도 못 고친다."고 말했다. 그러니 예부터 밥상에 올라가지 못하는 것이 약이라 했다. 약보다는 음식이 먼저다.

우리가 살아가는 데 있어 우선순위가 있다. 우리 몸을 건강하게 구성해 줄 수 있는 식생활의 우선순위는 효소가 살아있는 음식을 충분히 제공하고(80% 이상) 나머지는 그 동안의 식습관도 있으니 화식이나 인스턴트식품, 또는 패스트푸드는 맛만으로 먹어 주는 게 좋은 식생활인 듯하다. 현대인들은 단순히 허기진 배를 채우기 위

해 또는 우리 몸의 경비병인 입안의 혀끝에 끌려 인스턴트나 패스트푸드 등 죽은 음식을 섭취하고 있다. 다행히도 바쁜 현대인들에게 대안이 될 수 있는 효소가 살아있는 생식이 제품화되어 나와 있다.

'재물을 잃으면 조금 잃는 것이고, 명예를 잃으면 많이 잃는 것이요, 건강을 잃으면 모두 잃는 것이다.'라는 말도 있다. 그만큼 건강이 중요하다는 말이다. 건강은 인류가 존재하는 한 최고의 화두가 아닐 수 없을 것이다. 육체가 무너지면 정신도 영혼도 온전할 수가 없다. 육체는 정신을 담아 주는 그릇이라고 표현하는데 깨진 그릇에 어찌 정신을 온전히 담을 수 있을까.

식품의 효능을 분류할 때는 맛이나 색깔이나 생긴 모양 등 다양하게 효능을 나타낼 수 있지만 맛에 의해서 오장육부가 만들어졌기 때문에 오행체질 분류법에서는 각 장부에 미치는 효능은 맛으로 우선 분류하였다. 그리고 식재료 이야기는 맛과 색깔 그리고 식품영양학과 한의학의 효능에 의하여 혼합하여 풀어 놓았다.

건강한 섭생방법은 곡식은 체질에 맞추어 섭생해야 하고 채소나 과일은 신토불이 제철 식재료로 일물전체식을 해야 한다.

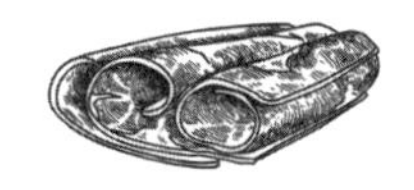

곡식은 모두 일년생이다. 다년생은 없다. 씨앗을 뿌리면 싹이 나고, 잎이 자라고, 꽃이 핀 다음 열매를 맺는데, 이 열매가 익으면 수확해서 먹는 곡식이 된다. 이 때 곡식은 뿌리로 음기陰氣인 땅의 기운地氣과 물의 기운水氣을 빨아들이고, 잎으로 양기陽氣인 햇빛을 충분히 받아야 잘 자랄 수 있다. 곡식들은 일 년만 살고 죽을 것이기 때문에 받아들인 모든 음양陰陽의 기운을 온전히 그 자손인 씨앗(곡식)에 담아놓고 죽는다. 따라서 인간이 그걸 먹으면 그 기운을 온전하게 섭취하게 되는 것이다.

우리가 늘 행하는 '먹는 일'을 바르게, 즐겁게, 그리고 건강하게 누리기를 바라며 이 짧은 이야기들을 엮었다. 사람들에게 어쩌면 생소할지 모를 오행체질 분류법의 기초를 내 이야기를 통해 작게나마 전하면서 여러분의 몸과 마음과 영혼이 건강하기를 기원한다.

2021년 2월

양진제

차례

책을 펴내며 4

서장 음양오행과 오행체질 분류 15

1장 목木형 체질 – 간과 담낭에 좋은 푸드 테라피

맛 그리고 항산화작용의 보물, 귤 30
몸을 보호하고 삶을 보호하는, 깻잎 34
속을 훈훈하게 해 주는, 들깨 36
풍부한 비타민C! 사랑받는 과일, 딸기 38
뿌리일까 열매일까?, 땅콩 40
최상의 상처 치료사, 매실 42
꽃 필 무렵을 기다리다, 메밀 45
스님의 미소를 만드는, 밀(소맥小麥) 48
보릿고개의 선물, 보리(대맥大麥) 50
오색과 오덕을 두루 갖춘, 부추 51
과일의 여왕, 사과 53
건강지킴이, 식초 55
덕德이 있는 과일, 유자 57
복숭아를 닮은 오얏, 자두 61
신선의 식품, 잣 62
명의 화타가 감탄한, 차조기 64
세 가지 덕의 상징, 참깨 66
최고의 사회적 지위의 상징인 후식, 파인애플 68
나누고 베풀며 영양을 선물하는, 팥 70
알알이 햇볕에 반짝이는, 포도 72
두뇌의 영양제, 호두 75

2장 화火형 체질 – 심장과 소장에 좋은 푸드 테라피

다이어트에 효과가 있는, 근대 84
강장식품의 대명사, 더덕 85
사랑의 상처를 보듬는, 도라지 88
봄철 입맛을 돋우는, 두릅 89
봄기운을 맞이하는, 머위 91
인술을 베푸는 의사, 살구 93
불끈불끈 힘을 내 주는, 상추 95
무병장수를 기원하는, 수수 98
백병을 다스리는, 쑥 101
노인의 빈혈을 예방하는, 쑥갓 104
입맛을 돋우는, 씀바귀 106
채소의 왕, 아욱 108
공해물질을 정화해 주는, 은행 110
고종이 사랑한 음료, 커피 112
베타카로틴의 보고, 케일 113

3장 토土형 체질 – 비장과 위장에 좋은 푸드 테라피

성스러운 열매, 감 122
내가 바로 약방의 주인공, 감초 125
암을 예방하는, 고구마 126
비·위의 보약, 기장 128
입병의 달콤한 약, 꿀 130
노화방지에 뛰어난, 대추 132
현대인의 입맛을 사로잡은, 망고 135
디톡스의 대표 나물, 미나리 137
올리브처럼 날씬해질 수 있는, 시금치 138
불로식이라 불리는, 연근 139
용의 눈을 닮은 열매, 용안육 141
상약 중에 상약, 인삼 143
곡식을 삭히는, 조청 144
여름이면 찾아오는 과일, 참외 146
알고 보면 나무예요, 칡 147
아삭한 식감 형형색색의 유혹, 피망 149
넝쿨째 굴러온 복댕이, 호박 151

4장 금金형 체질 – 폐와 대장에 좋은 푸드 테라피

빠지면 헤어 나올 수 없는 매력, 겨자채 160
캡사이신의 대명사, 고추 162
식욕을 돋우는 봄나물, 달래 164
'러시아 페니실린'이라 불리는, 마늘 165
천연소화제, 무 167
보약과도 같은 과일, 배 169
추운 겨울 비타민을 보충해 주는, 배추 170
불로장생을 상징하는, 복숭아 172
멀미방지에 탁월한, 생강 173
까도 까도 새로운 속살을 드러내는, 양파 175
아토피에 뛰어난 효과를 선물한, 어성초 177
붓기를 빼고 이뇨작용을 돕는, 율무 178
스님들의 기氣 보충제, 제피와 산초 179
4천여 년의 역사를 가진, 현미와 쌀 181

5장 수水형 체질 – 신장과 방광에 좋은 푸드 테라피

콩으로 메주를 쑤어야 얻을 수 있다, 간장 190
밭에서 나는 쇠고기, 검정콩 193
겨울밥상의 단골 메뉴, 김 195
신비한 해초의 대명사, 다시마 197
묵을수록 깊은 맛을 내는, 된장 198
콩으로 만든 가장 완전한 식품, 두부 200
기력을 북돋아 주는, 마 203
뼈를 튼튼하게 해 주는, 미역 205
정기를 보태 주는, 밤 207
세상에서 가장 귀한 보물, 소금 209
노폐물 배출에 탁월한, 수박 211
향수병을 치유해 주는, 청국장 213
밭에서 나는 고기, 콩(대두) 215
성장기 어린이의 필수 식품, 톳 218
바닷속의 영양식물, 파래 219

6장 상화相火형 체질 - 심포장과 삼초부에 좋은 푸드 테라피

보랏빛 항암 채소, 가지 226
보릿고개를 견뎌 낼 수 있도록 도와준, 감자(토두) 228
위험의 반전 매력, 고사리 231
겨울나물, 냉이 232
백가지의 독을 해독하는, 녹두 234
해물의 맛을 내 주는, 느타리버섯 237
선명한 주황빛의 매력, 당근 238
중금속 배출에 탁월한, 도토리 240
몸의 균형을 맞춰 주는, 바나나 242
버섯의 으뜸, 송이버섯 243
3대 장수식품, 양배추 246
시원한 수분 제공자, 오이 247
수염 난 채소할배, 옥수수 250
인내심을 키워 주는, 우엉 251
쑥쑥 자라는, 죽순 254
땅속의 알, 토란 255
면역력을 높여 주는, 토마토 257
참나무에 매달린, 표고버섯 259
밥상의 착한 단골손님, 콩나물 261

보론 음양오행으로 이해하는 우리 민족의 정신문화

1. 음양오행으로 보는 문화 267
2. 음양오행적 우리 민족의 생활교육 문화 268
3. 음양오행적 민속놀이와 음식 문화 270
4. 건강을 지키는 식생활 273
5. 친환경 농산물의 단계적 호칭 276
6. 건강 10훈 276

참고문헌 283

서장

음양오행과 오행체질

음양오행이란?

우리 국기인 태극기부터 시작해서 우리 삶 자체는 '음양오행陰陽五行'이란 것으로 구성되어 있다. 만물이라고 하는 것은 어떻게 형성이 돼 있는가. 우주 구성학적인 입장에서 놓고 보면 하늘에는 '오행五行'이라는 것이 있다. 오행이라고 하는 것은 음양이 분화돼서 순화하는 과정을 말한다. 여기에는 음陰과 양陽이 있는데 음에서 음양이 나오고 양에서 또 음양이 나온다. 그러면 음양이 총 4개가 되는데 이것을 '사상'이라고 한다. 이것을 사람의 체질로 다루면 사상체질이라고 한다. 이 '사상'은 고정되어 있는 부분인 현상이다.

여기에 음도 아니고 양도 아닌 토土라고 하는 기운이 들어가서 오행을 구성하여 순환하는 것이 우주의 원리다. 우주를 가지고 이야기할 때 끊임없이 분합활동을 한다고 한다. 분합이라고 하는 것은 떨어졌다 합쳤다 하는 것이다. 영원히…….

하늘은 오행이 있어 돌아간다. 그 오행 때문에 아침이 있고 낮이 있고 저녁이 있고 밤이 있다. 오행이 내려와서 대지를 만든다. 하늘의 오행이 땅에 내려오는데 우리는 그것을 계절로 느낀다. 여름은 덥고, 봄은 따뜻하고, 겨울은 춥고, 가을은 서늘하고, 장마철에는 비가 오고 축축한 것이 계절의 순리다. 환절기가 존재해야 하는 것이다. 장마가 와야 단풍이 든다. 장마가 길수록 단풍이 드는 가을의 계절도 길다. 비가 안 오면 가을 없이 겨울로 바로 들어간다. 우리나라는 사계절이 뚜렷하기 때문에 전 세계에서 음양오행이 가장 잘 펼쳐져 있다.

그 오행의 기운이 땅에 내려와서 계절로 펼쳐지는 것을 육기六氣

음양 삼태극

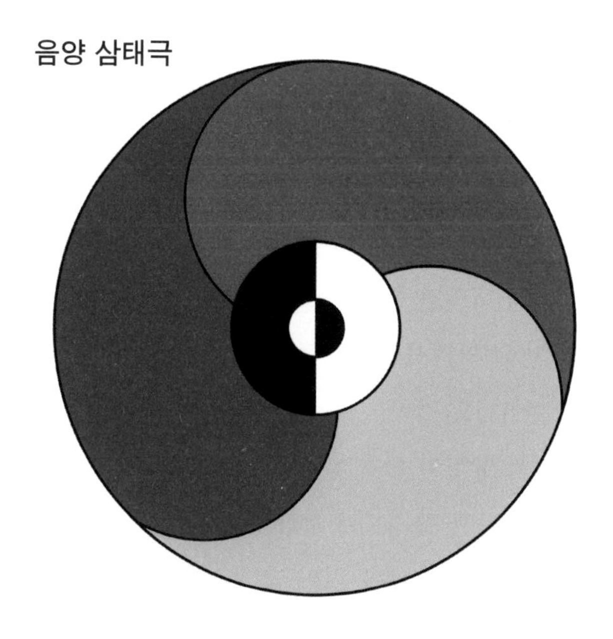

(풍風: 봄이 되면 바람이 불어야 되고, 한寒: 겨울이 되면 추워야 하고, 서暑: 삼복 더위가 되면 더워야 하고, 습濕: 장마철이 되면 습기가 축축해야 하고, 조燥: 가을의 기운은 건조하고, 화火: 봄, 여름, 가을, 겨울에 항상 햇볕이 따뜻하게 내리쬐어야 한다.)라고 한다.

이 여섯 가지 기운에 의해서 맛이 나온다. 이것을 오미五味라고 한다. 그래서 우리 할머니와 어머니들은 오미五味의 조미료를 만들어 간·담(木)을 살리는 신맛 나는 식초, 심·소장(火)을 살리는 쓴맛 나는 술, 비·위장(土)을 살리는 단맛 나는 엿(조청), 폐·대장(金)을 살리는 매운맛 나는 고추장, 신·방광(水)을 살리는 짠맛 나는 간장과 된장을 담아서 상비식품(약)으로 활용하였다. 양념은 '약염藥鹽'에서 유래한 말로 약藥과 소금(鹽)이 합쳐져 만들어졌다.

이러한 맛에 의해서 펼쳐진 것들이 색깔이다. 이것을 오색五色이라고 한다. 색깔을 가지고 있는 것은 그 속에 맛이 들어 있다. 그 맛에는 신맛, 쓴맛, 단맛, 매운맛, 짠맛이라고 하는 기운이 녹아 있다. 그런 맛은 계절에 의해서 나온 것이다.

한국의 음식과 과일과 채소가 다른 나라의 것보다 맛이 있는 까닭은 음양오행이 뚜렷한 나라, 육기六氣가 사계절에 있는 나라이기 때문이다. 이 맛에 의해서 오장육부가 만들어진다. 오미五味에 의해서 장기가 만들어지는 것이다.

이것들의 원리가 한약이다. 지천에 깔려 있는 약재를 보면 각각 맛들이 다 있다. 어떤 것은 감초처럼 단맛이 있고, 어떤 것은 아주 쓴 것이 있고, 어떤 것은 매운 것이 있다. 이러한 것들을 약으로 썼을 때는 약이지만 지천에 깔려 있을 때는 그냥 잡초일 뿐이다. 이들을 먹으면 어떤 것은 간에 좋고, 어떤 것은 폐에 좋고……. 이런 식으로 나타난다. 맛에 의해서 장기가 만들어졌기 때문에 맛은 그 장기로 가는 것이다.

한국 사람들이 일반적으로 매운맛을 좋아한다. 스트레스를 받으면 매콤하고 얼큰한 것을 찾는다. 그것을 먹고 나서 땀 한번 쫙 흘리고 나면은 그제야 뭔가 먹은 것 같다고 한다.

오행의 특성*

오행의 특성은 고대인들이 오랜 생활과 생산 활동을 실천하는 과정에서 목木, 화火, 토土, 금金, 수水의 다섯 가지 물질을 직관으로 관찰

* 양승, 『도호약선이론』, 백산출판사, 2018.

하고 소박한 인식의 기초에서 추상적으로 진행되어 형성된 이성적 개념으로, 오행 속성의 기본에 근거하여 인식한 것이다. 각각의 특성을 살펴보면 다음과 같다.

목木의 기운은 곡직曲直으로 표현한다. '곡직曲直'에서 '곡曲'은 구부러지는 것을 뜻하고 '직直'은 뻗어나가는 형상을 나타내는 것으로, 나무가 성장하는 형상을 말한다. 이는 나뭇가지가 밖으로, 위로 뻗어나가는 모양을 표현한 것인데, 이는 생장生長, 승발承發, 조달條達, 서창舒暢 등의 성질과 사물과 현상의 작용으로 목木으로 귀납시킨다.

화火의 기운은 염상炎上으로 표현한다. '염炎'은 분소焚燒, 염열炎熱, 광명光明의 뜻이며 '상上'은 위로 상승한다는 뜻이다. 염상炎上은 불이 가지고 있는 뜨겁고 위로 상승하며 밝게 하는 특성을 말한다. 따라서 이것은 온열溫熱, 승등昇騰, 광명光明 등의 성질 또는 사물과 현상의 작용으로 화火로 귀납시킨다.

토土의 기운을 가색稼穡으로 표현한다. '가稼'는 곡물의 종자를 심는 것을 나타내고 '색穡'은 농작물을 수확한다는 의미다. 가색稼穡이란 농작물을 파종하고 수확하는 농사일을 말한다. 이와 같이 생화生化, 승재乘載, 수납受納 등의 성질 또는 사물과 현상의 작용으로 토土에 귀납시킨다. 따라서 "토는 사행四行을 품으며 만물이 토에서 생겨나고 만물이 토에서 멸하며 토는 만물의 어머니다."라는 말이 생기기도 했다.

금金의 기운을 종혁從革으로 표현한다. '종從'은 순順을 말하고 '혁革'은 변혁變革을 의미한다. 때문에 금金은 강유剛柔의 성질이 모두 존재한다. 금의 성질이 비록 강경할지라도 병기를 만들면 사람을 죽이지만 사람의 뜻에 따라 유화의 성질로 변화시킬 수 있다. 그러므로 청결淸潔, 숙강肅降, 수렴收斂 등의 성질과 사물과 현상의 작용으로 금金에 귀납시킨다.

수의 기운을 윤하潤下라고 표현 한다. '윤潤'은 자윤滋潤, 유윤濡潤을 뜻하고 '하下'는 아래로 내려가는 것을 의미한다. 윤하潤下란 물이 가지고 있는 자윤滋潤과 하향下向하는 특성을 말하는 것으로 한량寒凉, 자윤滋潤, 하향下向, 폐장閉藏 등의 성질 또는 사물과 현상의 작용으로 수水에 귀납시킨다.

오행체질 분류법에 따른 푸드 테라피

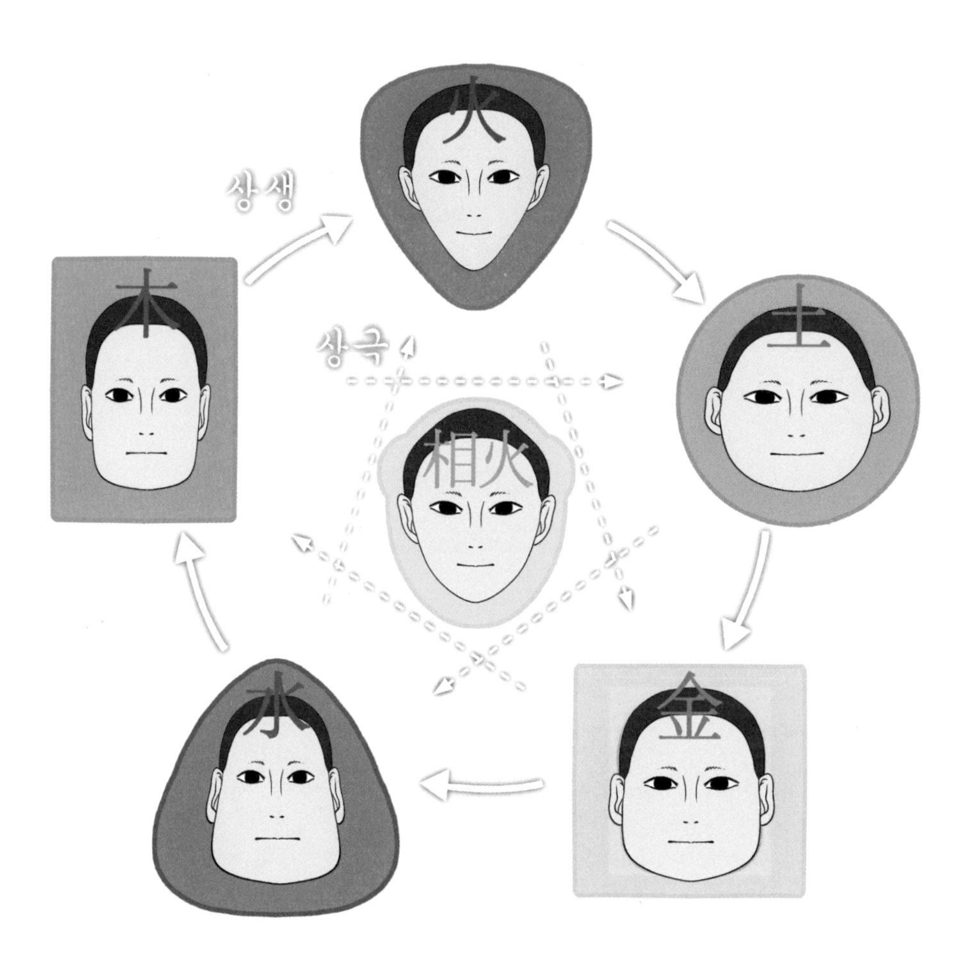

오행체질 분류법에 따라 발달 장부와 상극으로 인해 약한 장부

오행 체질	木型人 간·담 체질	火刑人 심·소 체질	土型人 비·위 체질	金型人 폐·대 체질	水刑人 신·방광 체질
형상	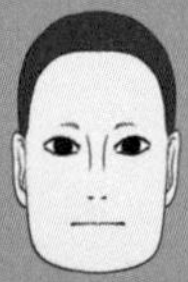	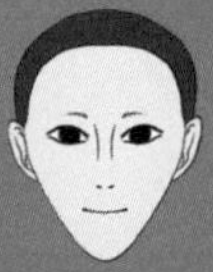		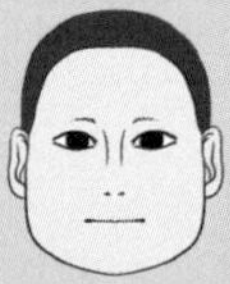	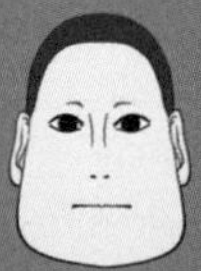
몸	상체가 길쭉함	등과 가슴 발달	복부 발달	어깨와 아랫배 발달	하부 발달
얼굴	직각형	역삼각형	둥근형	사각형	삼각형
마음	仁	禮	信	義	智
	완만함	외향적	고지식	긴장	내향적
약한 장부	비장·위장 (목극토) 폐장·대장 (금극목)	폐장·대장 (화극금) 신장·방광 (수극화)	신장·방광 (토극수) 간·담낭 (목극토)	간·담낭 (금극목) 심장·소장 (화극금)	심장·소장 (수극화) 비장·위장 (토극수)

관절도

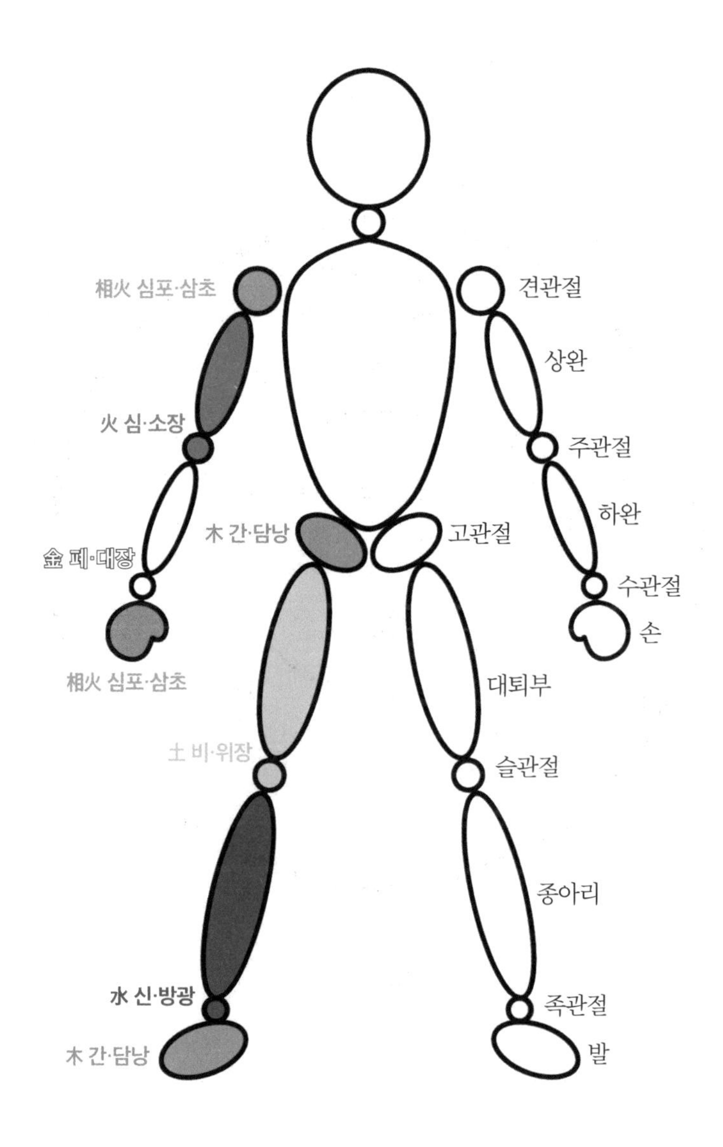

相火 심포·삼초
견관절
상완
火 심·소장
주관절
하완
木 간·담낭
고관절
金 폐·대장
수관절
손
相火 심포·삼초
대퇴부
土 비·위장
슬관절
종아리
水 신·방광
족관절
木 간·담낭
발

일기 변화도

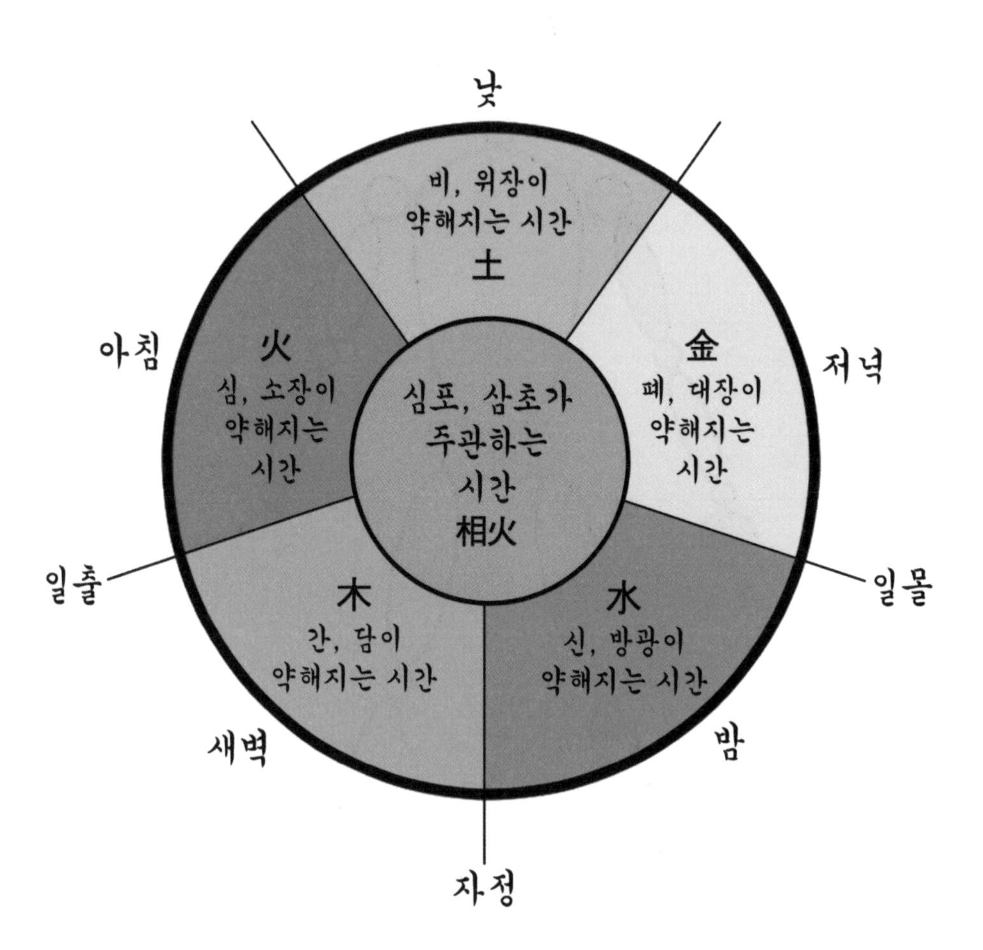
낮
비, 위장이
약해지는 시간
土
火
심, 소장이
약해지는
시간
아침
심포, 삼초가
주관하는
시간
相火
金
폐, 대장이
약해지는
시간
저녁
일출
木
간, 담이
약해지는 시간
水
신, 방광이
약해지는 시간
일몰
새벽
밤
자정

1장

목木형 체질

간과 담낭에 좋은 푸드 테라피

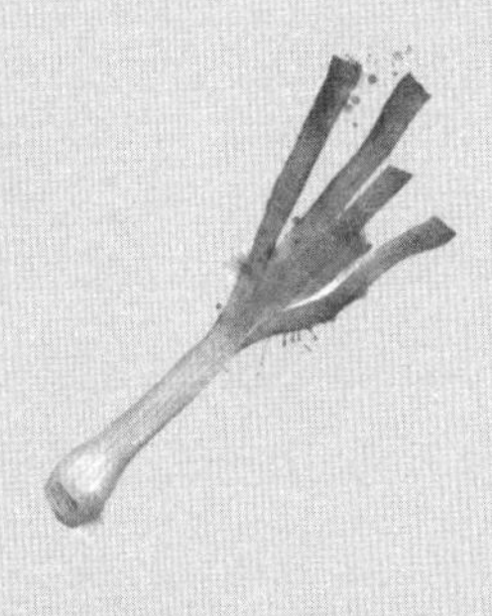

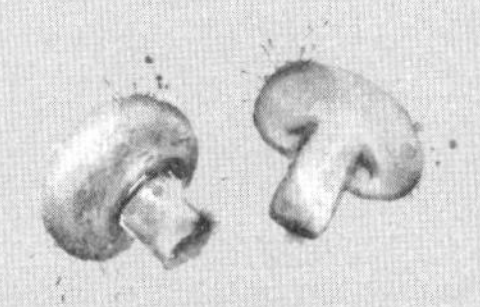

목木형 체질

<table>
<tr><td rowspan="4"></td><td>큰 장부</td><td>간장-陰, 담낭(쓸개)-陽</td><td colspan="2">신맛, 녹색</td></tr>
<tr><td>작은 장부</td><td>비장, 위장, 폐장, 대장</td><td colspan="2">달고 매운 맛,
노랑색, 흰색</td></tr>
<tr><td>체형</td><td>키가 큰 사람</td><td>방향</td><td>東</td></tr>
<tr><td>얼굴형</td><td>길고 좁은 얼굴</td><td>수</td><td>3, 8</td></tr>
<tr><td>相克</td><td colspan="2">木生火 木克土</td><td>계절</td><td>봄</td></tr>
<tr><td>강한 형</td><td>木火形</td><td>약한 형</td><td colspan="2">土金形</td></tr>
</table>

<table>
<tr><td rowspan="8">영양
식품</td><td>맛</td><td>신맛, 구수하고 고소한 맛, 노린내 나는 맛</td><td rowspan="8">우리 몸의 중금속을
배출하는 데 좋은 것 :
도토리,
토복령(청미래덩굴)</td></tr>
<tr><td>곡식</td><td>팥, 동부, 밀, 보리, 메밀,
강낭콩, 완두콩, 들깨 등</td></tr>
<tr><td>과일</td><td>딸기, 자두, 포도, 사과, 귤,
파인애플, 매실, 앵두 등</td></tr>
<tr><td>근과</td><td>잣, 호도, 땅콩 등</td></tr>
<tr><td>야채</td><td>부추, 신 김치, 깻잎 등</td></tr>
<tr><td>육류</td><td>개고기, 닭, 계란, 간, 쓸개 등</td></tr>
<tr><td>조미</td><td>식초, 구연산, 참기름 등</td></tr>
<tr><td>차, 음료</td><td>들깨차, 유자차, 오렌지주스, 오미자차 등</td></tr>
</table>

간장 담낭의 지배 부위	고관절, 발, 목, 눈, 근육, 손발톱, 편도선
간장 담낭이 약한 시간	새벽(00:00~06:00)
변의 모양	가늘고 길다. (간에 이상)

<table>
<tr><td>소질</td><td>교육, 향정, 문필</td><td>궁합</td><td>남자 : 土形 여자
여자 : 金形 남자</td></tr>
<tr><td>설득 방법</td><td>약 올리면 홧김에 응함.</td><td>습관</td><td>칭찬하며 희망적</td></tr>
</table>

목木형(간·담)의 특징*

간과 쓸개가 발달된 체질이 목형이다. 얼굴 체질은 하늘을 향해 곡직曲直하는 것과 같이 위로 성장하기 때문에 얼굴이 갸름한 형상을 가지고 있다. 목형인木型人의 외형적인 특징은 안색이 약간 푸른 기가 있고 머리는 작으며 키가 크고 얼굴은 길다. 어깨와 등이 크고 몸이 꼿꼿하며 손발이 작다.

본래 태어난 성격

목木형의 본래 태어난 성격은 부드럽고 따뜻하며, 착하고 순하다. 또한 문학적이고 학문적이며, 행정능력이 뛰어나다. 바른말하는 선비정신을 갖고 있으며 교육적이다. 재주가 많고 정신노동이 많으며 힘이 적다. 근심이 많아 일에 매달린다. 계획하고 설계하고 생육하고 발아한다. 두뇌 회전이 빠르고 꾀가 많다. 예를 들어 설명하며 희망적인 말을 많이 한다. 솔직한 성격이고 인자하고 천진난만하다. 또한 언제나 일관성이 있어서 예측할 수 있도록 행동하고 참을성이

* 김춘식, 『오행색식요법』, 청홍, 2018.

많으며 전문적인 일을 잘한다.

간·담이 병든 성격

목木의 기운이 부족하거나 넘치게 되면 약 올리고, 심술부리고, 직선적으로 폭언을 하면서 비꼬아서 말하기도 한다. 노하기를 잘 하고 한숨을 잘 쉬고, 부르짖고 두들겨 팬다. 결벽증이 있고, 변덕이 심하고 매사 쉽게 결단한다. 바람을 싫어하고, 교만하고, 상대를 무시하고 멸시한다. 목형의 병든 성격은 새벽과 봄이 되면 더 심해진다.

간·담이 병이 들었을 때의 육체적 증상

간은 소설疎泄을 주관한다. '소疎'는 소통이며, '설泄'은 발설發泄, 승발昇發의 뜻이다. 즉 간이 전신의 기, 혈, 진액 등을 소통시키고 발산시켜 뻗어 나가게 하는 작용을 한다. 간은 혈장血藏기능을 담당하므로 혈액을 저장하고 혈류량을 조절한다. 여성은 혈액이 근본이 되므로 여성(부인과)의 질병과 밀접한 관계가 있는데 여성의 생리적 특징은 월경-배란-임신-출산으로 간장의 혈액 조절에 영향을 받는다. 예를 들면 생리는 간의 장혈藏血 기능이 떨어지게 되면 생리양이 줄어들거나 폐경閉經 등의 증상이 나타난다. 간혈肝血이 부족하게 되면 혼魂이 자리를 지키지 못하고 떠나게 되어 꿈을 많이 꾸거나 숙면을 취할 수 없게 되고, 몽유나 환각 등의 증상도 나타날 수 있다.

간혈肝血이 충족하면 손발톱이 단단하고 윤기가 있으며 붉고 광택이 난다. 반대로 간혈이 부족하면 손발톱이 무르고 잘 부러지며 말라서 윤기가 없고 색이 옅거나 어둡게 된다. 심하면 변형이 되고 갈라지기도 한다. 간의 소설기능이 약해지면 유방과 옆구리가 찌르듯 아프고 아랫배 등의 국부에 더부룩하고 불쾌한 통증인 창통이 나타난다. 거기에 얼굴빛과 콧날이 푸르고 눈이 충혈되고 가슴이 답답하고 초조하여 쉽게 화를 내는 증상이 나타나기도 한다. 또한 혈액의 저장을 주관하여 혈액이 남으면 머리카락에 전하여 주고, 눈을 열게 한다. 근육을 주관하여 근육통, 편두통, 경련(쥐 나고), 전후굴신불가 요통, 환도, 관절통이 나타난다. 체액 중에 눈물을 조절하여 눈과 관련된 눈물남, 눈물마름(안구 건조증), 눈 시림증의 증상이 나타난다. 더불어 밖으로 나타나는 간의 건강 정도도 손톱에 나타나는데, 간 기능의 저하로 간경화, 간종양, 간부위통, A형·C형간염 등의 증상이 있다.

담은 간장에 붙어서 간에서 분비하는 담즙을 받아 저장하고 있다가 소장으로 이를 분비하여 음식물의 소화를 돕는다. 담즙은 청정하고 맛이 쓰며 간의 소설작용을 통제하고 조절하게 되는데 열을 받으면 위로 올라가 입이 쓰게 된다. 담은 굳세고 과감한 기운을 주장한다.

푸드 테라피

목형인들의 얼굴형상으로 보면 직사각형의 위로 긴 모양으로 신체 중 발달 장부는 간과 쓸개이다. 반대로 목형인들의 약한 장부는 오행의 상극 관계에 따라 금극목하지를 못해 폐와 대장의 기운이 약하고, 목木 기운이 넘쳐서 목극토하여 비장과 위장의 기운이 약하게 된다. 약한 장부인 폐·대장의 기능에 좋은 음식으로 맛은 매운 맛, 비린 맛, 화한 맛의 생강, 건강, 계피, 마늘, 양파, 고추, 겨자, 와사비, 산초가 이로움을 준다. 또한 색으로는 흰색음식인 율무, 배, 파, 마늘, 무, 은이, 백합, 행인, 연근, 배, 무, 도라지, 양파, 사삼, 콩나물, 숙주나물 등이 이로움을 준다. 또 비장과 위장을 이롭게 해줄 수 있는 음식으로는 단맛, 찰진맛, 향내나는 맛을 들수 있는데 이는 기장, 찹쌀, 참외, 호박, 감, 대추, 고구마, 감초, 칡, 등이 있다. 색으로는 노란색 음식으로 기장, 노란메주콩, 참외, 단감, 늙은 호박, 단호박, 황기, 황정, 강황, 감자, 조, 옥수수, 바나나, 귤, 오렌지, 파인애플, 사탕수수 등이 도움을 줄 수 있다.

맛 그리고 항산화작용의 보물, 귤

귤은 신맛으로 오행체질 분류법에서는 목木에 해당하는 간·담을 이롭게 하는 과일이다.

검은 음식, 붉은 음식 열풍과 함께 불어닥친 컬러 식품의 인기. 은은하면서고 아름다운 색으로 서서히 인기를 끌고 있는 노란 식품의 인기도 대단하다. 검은 음식, 녹색 음식, 붉은 음식이 주메뉴로 인기라면 노란 음식은 후식으로 인기를 끌고 있다는 것이 특징이다. 그 중에서 단연 으뜸으로 치는 귤은 신맛과 달콤함을 주면서 노란색의 따뜻한 분위기와 상큼한 느낌을 동시에 준다.

맛에 대한 느낌은 오감과 밀접한 관련이 있다. 기본적인 맛은 짠맛, 단맛, 신맛, 쓴맛, 매운맛의 오미五味로, 이들 맛은 미각 세포에 의해 감지된다. 한국인은 여기에 떫은맛과 삭은 맛을 더해 일곱 가지 맛을 감별하는 칠미七味 민족이다.

맛은 우리의 감정에도 큰 영향을 미친다. 화가 날 때 쓴맛이 나는 음식을 먹으면 기분이 가라앉고, 긴장한 상태에서 단맛이 나는 음식을 먹으면 마음이 풀리며, 신맛이 나는 음식을 먹으면 기분이 살아난다.

감귤류는 독특한 향기와 쓴맛 성분을 함유하고 있는데, 바로 이 성분이 항산화작용을 한다. 그중에 대표적인 것이 쓴맛 성분인 리모넨limonene과 향 성분인 리모노이드limonoid다. 특히 귤에는 베타크립토잔틴(β-크립토잔틴)이란 성분이 들어 있는데, 강력한 항암물질로 암 예방 효과를 더욱 강화해 주는 효과가 있다. 귤의 맛을 떠올려 보자. 귤의 맛은 구연산 성분 때문에 느끼는 맛으로, 신진대사를 촉진해 피로를 풀어 준다. 피를 맑게 하고 속 쓰림을 해소하는 효과가 있어 현대인에게 건강을 선물하는 식자재다. 풍부한 비타민P는 모세혈관을 강화하는 효과도 있으니 더할 나위 없이 소중한 식자재다.

귤을 까먹는 사람들의 모습도 천차만별이다. 때때로 귤과 껍질 사이의 실처럼 하얀 줄기 같은 부분을 일일이 모두 떼어 버리는 사람을 본다. 먹는 것은 취향이니 문제될 것은 없지만 한 가지 아쉬운 점이 있다. 귤과 껍질 사이의 흰 부분을 '귤락'이라고 부르는데, 비타민P가 풍부해 고혈압을 예방하여 노인에게 좋다. 또 기관지염으로 기침을 하면서 가슴에 통증이 있는 사람에게도 효과가 있으니 떼어 버리기엔 너무나 아까운 영양소다. 이 비타민P는 비타민C의

감귤 현미 떡볶이

감귤 4개, 현미떡 2줄, 오곡고추장 1큰술, 조청 1큰술, 생들기름 반큰술, 파프리카가루 1/4작은술, 양배추, 당근, 표고버섯, 새송이버섯, 다시마, 풋고추 1개, 채수 1컵

❶ 딱딱한 떡은 미지근한 물에 담가 부드럽게 해 주세요. (찜솥에 쪄도 좋아요.)

❷ 야채와 버섯은 골패모양으로 썰어 주세요.
다시마는 불려서 가늘게 채 썰어 주세요.
풋고추는 어슷 썰어 주세요.
감귤은 껍질을 벗겨 한쪽씩 떼어 주세요.

❸ 궁중팬에 채수를 붓고 고추장과 조청, 생들기름, 채 썬 다시마를 먼저 넣고 끓으면 떡과 표고버섯, 새송이버섯을 넣고 볶듯이 조려 주세요.

❹ 3이 충분히 조려지면 당근, 양배추, 감귤, 파프리카가루를 넣고 볶듯이 조린 다음 풋고추를 넣고 불을 꺼 주세요.

흡수작용을 돕는 역할도 하는데, 함께 섭취하면 혈관의 노화를 방지하고, 동맥경화, 뇌출혈 같은 질환을 예방하기에 좋다. 칼륨도 풍부해서 불필요한 나트륨을 몸 밖으로 배출하기 때문에 혈압도 낮출 수 있다. 이렇게 고마운 영양소를 굳이 일부러 버릴 필요는 없지 않을까.

밀감 무생채

밀감 2개, 무 500g, 미나리 2줄, 고춧가루, 간장, 자염(소금), 통깨

❶ 무는 채를 썰어 마른 고춧가루로 조물조물 해서 버무려 주세요.
❷ 밀감은 껍질을 벗겨 과즙이 나오도록 손으로 조물조물 짜 주세요.
❸ 미나리를 4~5cm로 잘라 주세요.
❹ 1에 2를 넣고 간장과 소금으로 간을 한 후 미나리를 넣고 버무려 주세요.
❺ 마지막으로 통깨를 부셔 넣어 주세요.

나는 식자재를 온전히 다 활용하는 것이 자연 그대로를 활용하는 좋은 방법이라고 생각한다. 귤 역시 마찬가지다. 흔히 귤껍질은 버리기 마련이지만 이를 활용하는 방법은 다양하다. 귤껍질을 말린 것을 가리켜 진피라고 하는데, 생강과 함께 차를 끓여 마시면 소화를 돕고, 감기 기운이 있을 때 효과가 있다. 귤껍질에는 비타민C가 과육보다 4배가량 더 함유되어 있고, 향기 성분인 정유를 함유하는 것이 특징이다.

이 성분을 그대로 섭취하는 방법을 소개한다. 귤을 깨끗이 씻어 껍질과 과육을 사과와 함께 착즙하여 주스로 복용하면 좋다. 이때 소금을 한 꼬집 아주 살짝 넣어 보자. 그 맛을 배가해 주는 주스가

된다. 단, 주스는 아침에 먹는 것이 좋다. 과당은 몸속에서 중성지방이 되기 때문에 저녁에 과당을 섭취하는 것은 좋지 않기 때문이다.

몸을 보호하고 삶을 보호하는, 깻잎

요즘도 농촌 민가에는 종종 고라니와 멧돼지 같은 산짐승들이 내려온다. 그저 내려오는 것뿐이면 무슨 문제겠는가? 애써 기른 농작물에 피해를 주니 근심이다. 예부터 농민들은 이를 대비하기 위해서 밭두렁 근접한 곳에 들깨를 심어놓기도 했다. 들깻잎 냄새를 싫어하는 산짐승의 속성을 알고 농작물을 보호한 것이다. 덫을 놓거나 독약을 쓰는 것이 아니라 자연의 섭리를 이해하고 활용한, 얼마나 지혜로운 방법인가?

산짐승이 들깻잎 냄새를 싫어하는 것처럼 깻잎 향을 싫어하는 사람들도 있다. 주재료로 부재료로 더할 나위 없이 좋은 채소지만 호불호가 갈리는 채소이기도 한 것이다.

깻잎은 지표식물로의 기능도 한다. 지표식물이란 환경조건을 파악하는 데 도움이 되는 식물을 말하는데, 공기 오염을 예고하는 역할을 하기도 한다. 미국의 알파파, 네덜란드의 글라디올러스, 일본의 나팔꽃이 대표적인데, 전문지식이 없어도 변질 상태만으로 환경오염의 심각성을 알 수 있다. 환경부 연구 발표에 따르면 대기오염의 심각도에 따라 들깻잎에 진한 갈색 반점이 많이 생긴다고 한다. 이렇게 깻잎은 사람의 몸을 보호할 뿐만 아니라, 삶 깊숙이에서 생활을 보호하는 역할도 한다.

깻잎(소엽)된장장아찌

깻잎, 된장, 조청

1. 깻잎은 깨끗이 씻어 물기를 떨어 통에 담아 주세요.
2. 깻잎이 보이지 않게 된장을 골고루 펴 담고 그 위에 조청으로 토핑 해 주세요.
3. 된장이 잘 스며들면 들기름에 쪄 드시면 좋아요.

그러면 깻잎이 우리의 몸을 보호하기 위해서 어떤 역할을 할까?

깻잎은 목형 체질을 영양하는 채소로, 사람의 몸 안에서 찬 기운을 몰아내 땀을 내게 하고 위 기능을 강화하는 건위작용을 한다. 또 중초를 넓혀 기운을 활발하게 하는 효능이 있는데, 게를 먹고 중독이 되었을 때도 깻잎 생즙을 먹는다. 물고기와 게를 지나치게 먹어서 생긴 적체를 '아해적'이라고 하는데, 바로 이를 중화시켜 주는 것이다. 중국의 오래된 약학서인 『본초강목』에서는 들깻잎이 어류와 육류가 가진 온갖 독을 푼다고 했는데, 이런 것을 보면 단순히 향 때문에 육류요리에 깻잎을 곁들이는 것이 아니라는 걸 알 수 있다.

깻잎은 비타민A·B·C도 풍부하지만, 다른 채소보다 철분 함유량이 풍부해 우리 몸의 부족한 철분을 보충해 준다. 또 칼슘과 비타민K도 함유하고 있어 점막을 보호하고 저항력을 키우며, 빈혈을 개선해 안색을 좋게 한다. 또 지혈작용과 함께 신경통 치료에 도움을 주는 고마운 채소다.

특히 페릴라케톤perillaketone인 정유를 함유하고 있어 깻잎만의 독특한 향을 보이는데, 덕분에 입맛을 돋우어 식욕부진을 개선한다. 단, 많은 사람이 아는 것처럼 음식에 넣을 때는 마지막에 넣어야 그 향을 살릴 수 있다.

일 년 내내 어렵지 않게 우리 곁에 머무는 채소 깻잎. 사시사철 입맛 없을 때 꺼내 먹을 수 있는 밥도둑 된장장아찌로 만드는 방법을 소개한다.

속을 훈훈하게 해 주는, 들깨

들깨는 고소한 맛으로 오행체질 분류에서 목木에 해당하는 간·담을 이롭게 하는 식품이다.

사찰식 약선요리 연구가로 활동하면서 현대의 식품영양학을 접목시켜 보고자 식품영양학을 전공한 후에 영양사 면허증을 취득했다. 영양사 면허증을 취득하고 나니 조계종 종단에서 운영하는 업체에서 영양사로서 살림살이를 해 달라는 부탁을 받았다. 그 곳에서는 영양사만 필요한 것이 아니라 종단에서 운영하는 곳이기 때문에 사찰음식과 전반적인 살림살이를 할 줄 아는 사람이 필요했던 것이다. 영양사 일은 내가 잘할 수 있는 부분도 많았지만 생소한 부분도 많았기에 스트레스가 이만저만이 아니었다. 그게 화근이었는지 눈이 자꾸 피로하고 시력이 급속도로 나빠졌다. 그래서였을까, 몸에서 생들깨가 자꾸 당기는 것을 느꼈다.

나는 목화형 체질이다.

목화형은 간, 담과 심장, 소장이 크고 튼튼하다. 옛말에 골골이 80이라고, 몸이 허약한 사람이 늘 몸을 관리하고 보호하기 때문에 강건하지는 못해도 장수한다는 뜻의 말이다. 마찬가지로 건강한 장부는 오히려 병이 나면 크게 난다. 들깨는 간과 담에 영양을 하는 식품이다. 아마도 생들깨가 자꾸 당기는 이유가 거기에 있지 않았나 생각한다. 깨끗이 씻어 저온으로 건조한 생들깨를 조청에 버무려, 아침과 점심 하루 두 번 한 공기씩 먹기를 두 달 정도 했다. 그러자 시력도 돌아오고 눈에서 느꼈던 불편한 증상들이 말끔히 사라졌다. 지금은 생들깨가 당기지 않는 것을 보니, 간에 필요한 기가 충분히 보충된 것 같다. 이것이 바로 약식동원 아닐까?

들깨를 약용으로 사용한다면, 들깨와 하수오와 구기자를 같은 양으로 배합해 가루로 만들고 꿀로 반죽해서 알약을 만들어 먹어 볼 수 있다. 이는 새치와 탈모 치료에 효능이 있다. 또 들깨와 하수오만 배합해 먹어도 활력이 생기고, 흰 머리가 검게 되며, 주름이 적어진다. 더불어 눈이 밝아지는 효과도 얻을 수 있다. 들깨에는 리놀산 linol acid과 비타민E·F도 풍부하게 함유되어 있는데, 덕분에 여성의 건강과 미용에도 좋은 효능을 보인다. 피부가 거친 사람, 기미가 많은 사람, 햇볕에 탄 피부가 잘 회복되지 않는 사람, 임산부, 그리고 머리카락에 윤기가 없는 사람이 먹으면 증상이 완화되는 효과를 볼 수 있다.

들깨는 식물성 오메가3도 풍부하지만 우리의 몸을 훈훈하게 해준다. 이런 들깨를 자연스럽게 섭취하는 방법이 있다. 들깨를 먼저 깨끗이 세척한 뒤 다시 건조시켜 페트병에 담아둔다. 그리고는 밥솥 옆에 두고 밥을 풀 때 적당량을 넣고 혼합한 후에 밥을 푼다. 들깨를 섞은 밥은 씹을 때 들깨가 톡톡 터지는 느낌이 들어 자연스럽게 오래 씹을 수가 있어 소화흡수가 잘 된다.

암癌 환우분들을 위해 간식거리를 연구해 보았다. 바로 들깨와 바나나를 배합해서 만든 바나나 들깨칩이다. 만드는 방법은 바나나를 소개하면서 기록해 두었다. 들깨나 바나나 모두 항암식품이기에 암 환우분들에게는 심심풀이 간식도 되고 항암 효과도 있으니 일석이조인 간식거리다.

풍부한 비타민C! 사랑받는 과일, 딸기

딸기는 오행체질 분류에서 목木에 해당되어 간·담을 이롭게 하는 과일이라 할 수 있다.

봄은 모진 겨울을 견뎌온 생명에 활력을 불어넣는 양기陽氣가 상승하는 계절이다. 따스한 햇살에 물오른 나무의 연둣빛 새싹이 눈물겹도록 아름다운 생동의 계절이지만, 그에 아직 순응하지 못한 우리 몸은 봄을 탄다. 그래서 봄이 되면 온몸이 나른하고, 졸음이 쏟아지고, 식욕이 없고 소화도 안 되며, 기억력과 집중력이 떨어지는 이른바 춘곤증을 앓는 사람이 많다. 겨우내 부족해진 비타민과 미네랄을 보충하고 춘곤증을 퇴치하고 나른한 몸을 일깨워 주는 데는 탐스럽게 익은 딸기가 제격일 것이다.

딸기밭에 가 본 사람은 본 적이 있을 것이다. 낮은 밭 사이사이 열매를 지키기 위한 지지대가 설치되어 있고, 짙은 녹색의 가지와 잎 사이에서 싱그러운 붉은빛을 내뿜는 딸기의 고운 자태를 말이다. 딸기를 뜻하는 스트로베리Strawberry는 열매가 땅에 닿지 않도록 아래 막대기를 받쳐 준 데서 유래했다. 또 그 모양과 색이 예뻐, 딸기를 '먹는 화장품'이라고 부르기도 한다. 딸기에 풍부하게 함유된 비타민C는 몸속에서 인터페론interferon이라는 바이러스 증식 억제 성분을 생성한다. 때문에 면역력을 증강하고 암세포를 박멸하는 매크로파지macrophage의 능력을 강화해 항암작용을 발휘하기도 한다.

딸기를 이야기할 때 비타민C를 빼고 말할 수 있을까? 딸기에 가장 많이 함유된 영양소가 바로 이 비타민C다. 과일 중에서는 가장 많은 편인데, 감귤보다도 많고 사과보다 무려 17배 많이 함유하고 있다. 딸기 다섯 개로 하루에 필요한 비타민C를 공급할 수 있으니 얼마나 고마운지 모른다. 뿐만 아니라 이탈리아 학자들은 딸기가 강력한 발암성물질, 니트로소아민nitrosoamine의 생성을 억제한다고 발표했다. 또 항암력을 가진 폴리헤로르라는 물질을 풍부하게 가지고 있다. 철분이 많아 빈혈에도 좋고, 안토시아닌은 눈을 밝게 하는 효능이 있다. 이처럼 딸기는 우리에겐 모양도 예쁘고 빛깔도 아름답고 건강에도 좋은, 사랑스런 과일이 아닐 수 없다.

최근 카페에서는 딸기라떼가 많은 사람의 사랑을 받고 있다. 라떼는 우유를 활용한 음료를 말하는데, 사실 우유와 딸기는 천생연분의 시너지 효과를 발휘한다. 우유에 딸기를 넣고 갈아 마시면, 딸기의 구연산인 자극적인 맛이 중화되어 부드럽고, 딸기에 부족한 단백질과 칼슘을 보충해 준다. 꼭 사서 마시지 않더라도 집에서도 충분히 만들어 먹을 수 있는 음료다. 딸기에 함유된 비타민C는 열과 공기에 약하다. 딸기에 단맛을 더하고 싶어 설탕을 뿌리는 경우가 많은데, 이 방법은 옳지 않다. 단맛을 더하고 싶다면 설탕보다는 소금을 한 꼬집 넣게 되면 단맛을 극대화시켜 준다. 또한 요구르트와 함께 먹어도 딸기에 함유된 영양소의 흡수를 도와주니, 이런 궁합을 맞춰 응용해 보면 좋을 것이다.

뿌리일까 열매일까?, 땅콩

고소한 맛을 내는 땅콩은 오행체질 분류에서는 목木에 해당되어 간·담을 이롭게 하는 식품으로 분류한다.

땅콩은 과연 뿌리일까, 열매일까? 그 생김새만 보면 꼭 어느 식물의 뿌리처럼 보이고 또 실제로 땅속에서 캐내지만, 땅콩은 분명한 열매다. 잎이 붙어 있는 부분에 노란 나비 모양의 꽃이 피어나고, 꽃이 진 뒤 씨방이 땅속으로 뚫고 들어가 콩깍지가 커지면 열매를 맺는다.

꽃이 지면 자방이 길게 뻗어 땅속으로 들어가 결실을 맺는다고 하여 '낙화생落花生'이라고도 부르는데, 참으로 낭만적인 이름이 아닐 수 없다. 또 땅속에서 생긴 콩이라 하여, '지두地豆'라고도 한다.

땅콩은 약 60%가 지방으로 이루어졌다. 지방이 매우 풍부한 편이고 비타민B1·C·E도 많이 들어 있다. 지방 중에서도 지방산인 리놀산linolic acid과 아라키돈산arachidonic acid같은 불포화지방산이 풍부하다. 많은 사람이 아는 것처럼 불포화지방산은 식물성 지방에 많이 함유되어 있는데, 고혈압의 원인이 되는 혈청 콜레스테롤을 낮추는 긍정적인 효과가 있다. 또 혈관 벽에 붙어 있는 콜레스테롤을 씻어 내는 효과까지 있어 피를 깨끗하게 한다. 땅콩은 바로 이 불포화지방산, 즉 필수지방산을 풍부하게 함유하고 있는 것이다. 땅콩에는 인지질의 하나인 레시틴도 풍부해 췌장의 기능을 높이고 인슐린 분비를 촉진한다. 레시틴은 간장 기능을 강화하고 순환을 원활하게 하는 효과도 있어, 숙취에 시달릴 때 땅콩을 먹으면 몸 상태가 한결 좋아진다. 레시틴은 참깨, 들깨, 콩에도 많이 들어 있는데 부족하면 정신질환에 걸릴 수도 있다. 그러니 공부하는 학생이나 성장기 어린이, 정신노동을 하는 사람에게는 꼭 필요한 영양소다. 땅콩 10개면 비타민E와 F의 하루 필요량 5㎎을 충분히 공급할 수 있어 노화 방지 효과를 얻을 수 있으니, 포화지방산 섭취가 높은 현대인에게 좋은 식품이다.

땅콩은 껍질을 벗겨 오래 두면 쉽게 산화되는 단점이 있다. 가능하면 껍질이 있는 것을 구입하는 것이 좋다. 또 습한 장소에 보관하면 독성이 강한 아플라톡신Aflatoxin이라는 발암물질이 생기므로 주의해야 한다. 땅콩껍질에는 비타민B1이 풍부하지만, 지나치면 부족한 것보다 못하다. 넘치게 섭취할 경우 변비가 될 수 있으니, 섭취에 주의하는 것이 좋겠다.

땅콩과 대추, 찹쌀을 넣고 죽을 끓여 먹으면, 영양불량이나 비위가 편하지 않은 증상에 효과가 있다. 죽을 끓일 때는 대추와 찹쌀을 함께 넣고 뭉근히 끓인다. 쌀이 퍼지면 다진 땅콩을 넣고 한 번 더 끓어오른 다음 불을 끈다. 이때 쌀 한 컵을 넣었다면 물은 6컵을 넣는 것이 좋다. 죽은 뭉근히 오래 끓여 각각의 재료가 가지고 있는 에너지가 어우러져야 한다.

땅콩으로 조림을 해 놓으면 담백하면서 고소한 맛으로 반찬보다는 간식으로 먹게 된다. 땅콩조림은 일반 콩조림을 하는 방법과 동일하지만 한 가지 팁이 있다면 식용유를 몇 방울 넣고 조리면 껍질이 벗겨지지 않는다. 냄비에 땅콩을 담고 생수를 잘박하게 부은 다음 다시마 한 쪽과 전통간장과 조청을 넣고 은근히 조리면 된다. 이때 간장과 조청의 비율은 간장1:조청2로 하면 적당하다. (간장은 우리 전통간장을 기준으로 했음.) 마지막으로 흰깨와 검정깨로 버무려 놓으면 훌륭한 간식거리이자 반찬이 된다.

최상의 상처 치료사, 매실

매실은 말만 들어도 입안에 침이 고이는 신맛이 강한 식품 중에 하나이다. 신맛은 오행체질 분류로 보면 목木에 해당되어 간·담에 이로움을 주는 식품이다.

현대에는 1인 가구 수가 점차 늘어가고 있다. 2019년도 통계청 지표에서 전체 가구의 30%를 넘는 비율이 1인 가구라 하니 많은 생각이 든다. 모두가 그렇진 않겠지만, 혼자 사는 가구는 먹는 게 부실해지기 쉽다. 혼자 먹고자 반찬을 만들어도 버리는 양이 더 많기 마련이다. 시간이 지날수록 밖에서 끼니를 때우거나 라면 같은 인스턴트를 이용하는 일이 많아질 것이다. 그렇다면 냉장고도 휑하지 않을까 혼자 짐작해 본다. 냉장고가 휑하더라도 꼭 하나 챙겨 뒀으면 하는 게 있다. 바로 매실이다. 예전 우리 어머니들은 매실 진액이 나 매실청을 준비해 두고는 했다. 가족 중에 누가 소화가 안 되거나 배가 사르르 아플 때면, 보관하고 있던 매실 진액이나 청을 차로 만들어 주시고는 했다. 배가 아파서 매실차를 따뜻하게 마시던 기억이 많은 사람들에게 남아 있을 것이다. 21세기를 살고 있는 현대인들의 가정에서도 쉽게 찾아볼 수 있는 것이 바로 매실이다. 진액으로, 청으로, 장아찌로 그 보관 방법도 활용 방법도 다양하게 이어지고 있다.

매실은 진액을 만들어 갈증을 멈추게 하고, 소화를 돕고, 설사를 멈추게 한다. 오매는 익지 않은 매실을 훈제하여 만든 것으로, 항균 소염작용이 강하고, 알레르기를 막고, 노화를 방지하며, 혈관을 부드럽게 하는 효능이 있다. 또 이담李膽작용을 도와 담즙을 잘 통하게 하고 간 기능을 개선한다. 청매의 경우 밤에 소금물에 담그고 낮에 말리면 겉에 하얀 가루가 나오는데, 이렇게 만든 매실을 백상매白霜梅라고 한다. 효능은 오매와 비슷하다.

매실은 구연산과 미네랄이 풍부해 피로 회복, 간장 보호, 변비 치료, 해독, 살균 효과가 있다. 여행할 때 마시는 물이 달라져서 배탈을 경험해 본 사람들이 꽤 있을 것이다. 여름철 도시락에 생긴 세균으로 인해 탈이 나는 경우도 있다. 이럴 때 바로 매실을 먹으면 효과가 있다.

매실에는 망간(Mn)이 풍부해 정신안정에도 도움을 준다. 탁월한 소염작용으로 위와 장의 상처와 염증을 다스려, '최상의 상처 치료사'라는 별명도 있다. 또한 간 기능 향상에 도움이 되는 피루브산

매실청

청매실, 유기농 설탕, 전기밥통, 이쑤시개

❶ 청매를 깨끗이 씻어 물기를 제거해 주세요.
❷ 이쑤시개로 꼭지를 빼낸 후, 보온밥솥에 담아 주세요.
❸ 2에 매실양의 70~80% 정도 유기농 설탕을 넣고 보온으로 설정해서 12시간 정도 유지해 주세요.
❹ 12시간 후 매실에서 과즙이 빠져 쪼글해진 모양이 확인되면 건지를 걸러 매실액만 유리병에 보관하여 요리와 음료에 활용하시면 좋아요

Tip.

- 12시간이 지나도 과즙이 덜 빠졌을 경우, 보온에서 시간을 더 두시면 돼요.
- 황매는 향은 좋으나 쉽게 무르기 때문에 과즙이 맑지 않으니 참고하세요.

pyruvic acid이 들어 있어 해독 효과가 크고, 풍부한 구연산은 물론 포도당의 10배에 달하는 효력을 발휘해 당질의 소화 흡수를 돕는다. 임산부가 매실을 즐겨 먹으면 산酸이 체내의 칼슘을 대사하여 태아의 골격 형성에 도움을 준다.

산수신산酸收辛散. '신맛은 거두고 매운맛은 발산한다.'라는 말이 있다. 무더운 여름 더위에 지쳐 있을 때는 매운 것을 먹으면 기운이 발산하여 더 덥고 지친다. 이럴 때는 거두는 기능을 발휘하는 신맛의 음식을 섭취해야 한다. 대표적인 신맛을 내는 과일이 매실이다.

매실을 발효시키기도 하지만, 단시간에 청을 빼서 무더운 여름날 청량음료로 활용하면 몸에도 좋고 맛도 좋은 음료가 될 수 있다. 누구나 따라할 수 있는 매실청 만드는 법을 소개하며, 매실의 이야기를 마무리하고자 한다.

꽃 필 무렵을 기다리다, 메밀

메밀은 오행체질 분류법에서는 목木에 해당되어 간·담을 이롭게 하는 곡식이다.

메밀로 유명한 봉평에 가면 메밀이 써져 있는 다양한 간판을 만날 수 있다. 쉽게는 음식점에서부터 메밀꽃밭 축제를 안내하는 문구와 체험 콘텐츠까지, 참 다양한 메밀을 만나게 된다. 시장에는 한 집 건너 한 집 메밀전병을 부치는 소리와 냄새가 발길을 잡고는 하는데, 조금 과장을 보태 표현하기는 했지만 지글지글 전병 부치는 소리의 유혹을 떨쳐낼 수 있는 사람은 그리 많지 않을 것이다.

이효석의 『메밀꽃 필 무렵』이라는 소설의 힘은 대단했다. 어떤 확실한 지식 한 토막을 전달하는 것이 아니라 누구나 겪을 수 있을법한 이야기와 메밀밭을 중심으로 분위기를 전달했고, 그것은 곧 사람의 정서를 두드렸다. 그 힘이 더해 봉평은 오랜 시간 메밀이 유명한 고장으로 인식되었고 이는 곧 생활에까지 영향을 미쳤다. 메밀이라는 소재, 그리고 이를 표현한 문화의 힘이란 이렇게 대단한 것이다.

작고 흰 꽃, 붉은 줄기, 검은 열매, 잎은 푸르고 뿌리는 노르스름해 오색을 갖췄으니 오행을 아는 식물로 쳤다. 우리나라에서 가장 더운 여름인 8월, 땀을 흘리고 입맛을 잃고 점점 기운도 잃어 가기 쉬운 계절이다. 이때 찬 성질을 가진 메밀을 이용해 국수를 만들어 먹으면 잃었던 입맛이 돌아오는 것을 느낄 수 있다. 메밀이 사람의 몸 안에 쌓인 열기와 습기를 배출해 주기 때문이다.

이러한 효능을 가진 메밀의 주성분은 루틴rutin이다. 잎과 줄기, 열매에 모두 루틴 성분이 들어 있으며 혈압 강하제로 쓰인다. 모세혈관을 강화해 뇌출혈 예방에 좋고, 췌장 활동을 도우며, 인슐린 분비를 촉진해 당뇨병 예방에도 효과적이다. 알코올을 분해하는 콜린choline 성분도 들어 있어 지방간을 예방하는 효과도 있으니 이 정도면 가히 약용음식으로 부를만하다.

메밀의 또 다른 효능으로는 노폐물 제거를 꼽을 수 있다. 기氣를 아래로 끌어내려 위장과 창자에 쌓인 노폐물 제거에 효능이 있는 것이다. 또 쌀이나 밀가루보다 아미노산이 풍부한데, 다른 곡류에 비교해 보아도 필수아미노산인 트립토판과 트레오닌, 라이신이 많이 함유되어 있다. 단, 몸이 찬 사람이 메밀을 계속 먹을 경우 원기가 빠져나가 현기증이 일어나거나 마비증상이 나타날 수도 있으니, 내 몸을 잘 알고 먹는 것이 중요하다.

『본초강목』에는 "메밀을 볶아서 가루로 만들어 먹으면, 비위를 튼튼하게 하고 습열을 제거한다."라는 기록이 있다.

생채식 요리인 로푸드Raw food에서는 메밀을 발아시켜 '메밀바'를 만들어 즐겨 먹는다. 메밀이 싹을 틔우면 루틴 함량이 통메밀 상태보다 무려 25배 증가하기 때문에 이를 활용해 건강식을 만드는 것이다.

발아메밀 에너지바

싹티운 메밀 1과1/2컵, 코코넛미트 3/4컵

소스 : 건포도(건과일) 1/4컵, 바나나 1개, 반건시 2개, 아가베 시럽 1큰술, 시나몬가루 1작은술, 바닐라엑기스 1/2작은술

❶ 메밀, 코코넛 미트는 볼에 담아 두고, 소스 재료들을 푸드프로세서에 갈아 주세요.
❷ 볼에 곱게 간 소스와 발아메밀을 혼합해 주세요.
❸ 2를 바 모양으로 만들어서 건조기 트레이에 올리고 45도에서 10시간 정도 건조해 주세요.

통메밀을 싹 틔우는 방법은 수고로울지는 몰라도 어려운 것은 아니다. 메밀쌀을 살살 씻어 8시간 정도 불려 놓는다. 불린 메밀쌀을 소쿠리에 건지는데, 하루에 2~3번 정도 소쿠리째 물에 푹 담가서 살살 씻어 건져 줘야 신선하게 싹을 틔울 수 있다. 정성이 필요한 것이다. 기온에 따라 싹을 틔우는 시간은 다르지만, 싹이 나오기 시작하면 싹을 키우지 말고 깨끗이 살살 씻어서 45도로 맞춘 건조기에서 건조한다.

이렇게 건조한 메밀을 활용해 메밀바 만드는 방법을 소개한다. 건강식으로, 수험생 간식으로 활용해 보면 어떨까?

스님의 미소를 만드는, 밀(소맥小麥)

밀은 오행체질 분류법에서는 목木에 해당되어 간肝·담膽을 이롭게 하는 곡식이다.

국내산 밀은 가을에 싹이 나서 추운 겨울을 견뎌내고 봄을 지나 초여름에 수확하는 두해살이 밀이다. 그래서인지 생명력이 강하면서 글루텐 함량이 적어 몸에 이롭다. 수입산 밀가루는 글루텐 함량이 높아 장을 냉하게 만들기 때문에 소화가 안 되고 위에 부담을 준다. 이로 인해 지방까지 만들어지는 것이다.

야식으로 밀가루 음식을 먹는다는 것은 독을 먹는 것이나 다를 바 없다. 지방이 불연소되어 지방 축적을 초래하여 비만으로 이어지기 때문이다. 특히 중년 여성에게는 암癌을 유발하는 인자가 된다.

절집에서는 국수를 스님들의 웃음이라는 뜻으로 '승소僧笑'라 부른다. 그만큼 스님들이 좋아하기에 붙여진 이름이다. 비단 스님만 좋아하실까. 국수는 오래전부터 사람들에게 사랑받은 음식이기도 하다. 조선의 역사서인 『고려사』에 의하면 송나라를 왕래하던 고려의 승려들이 국수를 도입했다는 이야기도 있다. 이를 계기로 상류사회의 제사 음식이나 잔치 음식으로 변모했던 것으로 추측된다.

밀은 허약한 체질을 튼튼하게 하며, 심장과 신장을 돕는다. 또 열을 제거하고 갈증을 해소하며, 소변을 잘 나오게 하고, 설사를 멈추게 한다. 식은땀을 많이 흘리고 오한이 있는 사람에게 좋다. 설사나 이질에 효과가 있으니 외용약으로는 종창, 출혈, 화상에 갈아서 붙이면 효과가 있다. 반대로 밀(小麥)을 많이 먹으면 기운을 뭉치게 하

호두통밀쿠키

건포도 50g, 호두 50g, 통밀가루 50g,

가)조청 2큰술, 현미유 1.5큰술, 자염(소금) 1/4작은술

(현미유 대신 코코넛오일도 좋아요.)

❶ 건포도는 잘게 다져 주세요.

❷ 호두는 푸드프로세서나 치즈갈이로 갈아 가루로 만들어 주세요.

❸ 볼에 다진 건포도와 갈은 호두, 통밀가루를 넣고 섞어 주세요.

❹ 다른 볼에 가)의 재료를 넣고 잘 혼합해 주세요.

❺ 3에다 4를 넣고 자르듯이 섞어 반죽을 만들어 주세요.

❻ 반죽을 적당한 타원형으로 성형을 해서 오븐을 180℃로 예열 한 후 15분간 구워 식힘망에 식혀 주세요.
(표면이 부드러워지면 뒤집어서 5분 정도 더 구워 주세요.)

고 갈증을 일으킨다. 따라서 기체나 갈증이 나며 습열이 있는 사람에게는 좋지 않으므로 적게 먹는 것이 좋다. 당뇨환자도 많이 먹으면 좋지 않다. 이렇듯 장점과 단점을 모두 가지고 있는 것이 밀의 특징이기도 하다.

밀가루의 뭉치는 기운을 풀어 주는 것이 있는데 바로 호박이다. 국민메뉴라 할 수 있는 칼국수나 수제비에 반드시 애호박이 들어가는 이유기도 하다.

밀도 쌀과 마찬가지로 하얗게 정제한 부드러운 밀가루는 녹말만

가득해 불완전식품이다. 밀 배아와 껍질에 각종 비타민과 무기질, 미량 원소들이 함유되어 있는데, 정제한 밀가루는 밀 배아와 껍질이 모두 깎여 나간 식품이기 때문이다. 우리가 소위 말하는 정크푸드, 빈 영양식이다. 사람이 통밀과 현미 등 정제하지 않은 곡식류만 식생활에 활용한다면 영양 문제도 해결되고 비만, 당뇨, 고혈압을 비롯한 각종 생활습관병도 예방할 수 있을 것이다. 우리가 혀끝으로 느끼는 부드러움에 휘둘려 정작 우리 몸이 원하는 것이 무엇인지 모르는 게 아닐까.

보릿고개의 선물, 보리(대맥大麥)

보리는 오행체질 분류법에서는 목木에 해당되어 간肝·담膽을 이롭게 하는 곡식이다.

농업이 주산업이었던 시대에는 해마다 5~6월이면 참 잔인한 시간을 견뎌야 했다. 작년 가을에 수확했던 쌀은 이미 바닥이 나고, 보리는 미처 아물지 않아 먹을 것이 없던 시기. 여름 보리가 익기까지 굶주리던 시기를 우리 선조들은 '보릿고개'라고 불렀다.

보리는 가을에 심어 겨울에 나고, 봄에 자라 여름에 열매를 맺는 작물로, 봄기운과 여름기운, 가을기운, 겨울기운을 모두 갖고 있다. 한방에서는 가을에 파종해 다음 여름에 수확하는 가을보리를 좋은 보리로 보았다. 보리는 오장을 튼튼하게 하고 설사를 멎게 하는 효능이 있어서 엿질금을 만들어 소화제로 사용했다.

보리는 위장의 기운이 허약하거나 소화가 되지 않아 배가 더부룩한 사람에게 적합한 음식이다. 또 궤양의 봉합작용을 촉진해 간병에 좋고, 식욕부진에 효과가 있으며 변비에도 좋다. 또한 산후 젖을 먹일 때 유방 창통에도 효과가 있으니, 몸을 보호하고 건강하게 하는 데 중요한 작물이다.

예전만큼 보리 소비량이 많지 않은 요즘, 어떻게 보리를 섭취하는 것이 좋을까?

우리 선조들은 여름 음료로 '보리수단'을 즐겼다. 보리수단은 보리와 전분, 오미자를 활용해 시원하게 섭취하는 음료로 지금 접해도 고급스러운 건강 음료다. 보리를 포~옥 삶아 맑은 물에 한 번 씻어 찰기를 없앤다. 찰기를 없앤 보리알을 전분에 굴려서 끓는 물에 넣었다가 둥둥 뜨면 냉수에 식힌다. 다시 건지고, 물기를 빼고, 전분에 굴리고……. 같은 방법을 3~4회 반복하면 콩알만 한 크기가 된다. 또 전분에 굴렸기 때문에 투명해서 보리 모양이 그대로 유리 속에 있는 듯 투명하게 비추어 보인다. 이렇게 만든 보리에 오미자를 우려서 새콤달콤 간을 맞추면, 바로 건강에 좋은 여름 음료 보리수단이 탄생한다.

오색과 오덕을 두루 갖춘, 부추

부추는 오행체질 분류법에서는 목木에 해당되는 간·담에 이로움을 주는 식품이다.

부추는 예로부터 오색五色과 오덕五德을 갖추어, 이를 먹으면 심신이 고루 좋아진다고 했다. 줄기는 희어 구백韭白이요, 노란 싹이 구황韭黃이며, 파란 잎은 구청韭青이고, 붉은 뿌리는 구홍韭紅이며, 검은 씨앗은 구흑韭黑으로 바로 오방색五方色이다. 그뿐 아니라 부추에는 오덕五德이 있다 하여 '채중왕菜中王'이라고도 한다. 날로 먹고, 데쳐 먹고, 절여 먹고, 오래 두고 먹고, 매운 것이 일관해 변하지 않으므로 오덕五德이라 했다.

톡 쏘는 맛이 일품인 부추는 비타민A와 B군이 풍부하다. 마늘에 버금가게 강장 효과가 뛰어나 예로부터 천연 정력제로 알려져 있다. 이는 양기를 북돋우는 효능이 뛰어난 식품이기 때문이다. 그래서 수행하는 사람들에겐 먹지 않도록 했을 정도다.

부추의 독특한 향은 유황 화합물의 일종인 황화아릴이다. 항산화 작용과 발암물질의 독성을 제거하는 역할을 하며, 몸에 흡수되면 자율신경을 자극해서 에너지대사를 활발하게 한다. 부추를 먹으면 몸이 더워지는 것은 바로 이 때문이다. 따라서 세포가 암癌으로 전이되는 것을 막아 주고 암 발생을 억제하는 작용을 한다. 특히 위암, 대장암, 폐암, 간암 등의 암 억제 효과가 뛰어난 것으로 알려져 있다.

이러한 효능은 이미 오래전부터 알고 있었던 것으로 보인다. 『본초강목』에서는 부추를 이렇게 서술하고 있다.

"위장을 튼튼하게 하는 작용을 한다. 이질이나 구토에 사용되었으며 고혈압, 당뇨, 빈혈, 천식, 빈뇨, 산후통증에도 효과가 있다."

몸이 찬 체질, 양기가 약하여 추위를 많이 타고, 허리와 다리가 시리고 아프며, 양위, 유정, 조루, 요실금, 빈뇨 등에 적합하다. 부인들의 아랫배가 차고, 출산 후 몸이 차면서 모유가 잘 나오지 않는 증상에도 효과를 볼 수 있다. 몸에 멍이 들거나, 토혈, 변혈에 효과가 있으며, 음식물이 잘 내려가지 않는 증상인 열격에도 효과가 있다. 대변이 건조할 때나 습관성 변비에 모두 좋고 식도암, 위암에 효과가 있으니 식품이면서 약품이라고 표현해도 부족하지 않을 듯하다.

된장국에 부추를 넣으면 짠맛은 줄이고 된장의 영양은 그대로 섭취할 수 있다. 또 된장에 부족한 비타민도 보충할 수 있다. 부추와 돼지고기는 궁합이 가장 좋은 식품이다. 돼지고기는 성질이 차지만 부추는 따뜻한 양성식품이기 때문에 찬 성질을 중화해 준다. 그러고 보면 우리네 식탁에서 곁들임으로 내놓는 음식들엔 이유가 있다. 오랜 세월 조상으로부터 내려온 지혜는 여전히 우리 곁에 남아 있는 것이다.

과일의 여왕, 사과

사과는 신맛이 나는 과일로 오행체질 분류법에서는 목木에 해당되어 간肝·담膽을 이롭게 하는 과일이다.

사과를 산성의 성질을 가지고 있는 것으로 아는 사람들이 있는데, 분명히 말해 사과는 알칼리성 식품이다. 산성화된 몸을 중성으로 만들어 주는 약효가 있어 '과일의 여왕'이라고 불리는지 모른다. 사과로 만든 주스는 인슐린을 빨리 방출해 혈당이 천천히 떨어지게 돕기도 한다.

사과의 '팩틴'은 수분을 머금으면 한천 상태로 굳어져 소화 흡수가 되지 않고 그대로 배설된다. 따라서 변비일 때는 변의 부피를 늘려 밀어내고, 설사일 때는 수분을 흡수하여 적당한 상태로 굳혀 주는 마술을 부린다. '팩틴'은 껍질 부분에 많으므로 가능하면 깨끗이 씻어 껍질까지 먹는 게 좋다. 이 외에도 항산화 성분은 비타민C와 비타민E, 카로틴이 들어 있다. 피로를 풀고 장을 깨끗하게 하는 유기산의 작용으로, 급성장염이나 변비, 혈압을 조절해 준다.

식재료에 들어 있는 모든 영양 성분이 우리 몸에 꼭 필요하고, 그 중에서도 몸을 구성하기 위해 더욱 중요해 5대 영양소를 지정했다. 하지만 그것은 그만큼 중요하다고 표현하는 방법일 뿐 어느 하나 불필요한 영양소는 없다. 현대에 와서는 섬유질의 중요도가 높아져 제7의 영양소라 불리어지는데 이 섬유질은 사과에 풍부하게 함유되어 있다.

사과의 좋은 성질을 이용하고자 주스를 만들어 음용하는 경우가 많은데, 조금만 더 정성을 들이면 보다 효과적으로 그 효능을 온전히 내 것으로 할 수 있다. 요즘엔 가정용 건조기가 보급되면서 남는 사과를 건조해 샐러드나 간식으로 활용하기도 한다. 이렇게 만든 말린 사과를 이용해 죽을 한번 끓여 보는 건 어떨까? 말린 사과를 쌀 분량의 2/3정도 넣고 6배 죽을 뭉근히 끓인다. 이렇게 만든 사과죽은 수종, 만성 설사, 결장염, 고혈압, 임산부 등에게 좋다. 어렵지 않다. 중요한 것은 식자재의 본래 성질을 알고 효과적으로 섭취하는 것이다.

또 하나 사과를 활용하여 간단한 소스를 만들어 보자. 예부터 지글지글 기름에 지진 부침개나 튀김을 먹을 때 간이 맞아도 습관적으로 간장을 찍어 먹는다. 이는 단순히 간을 맞추기 위함보다는 전통간장에는 효소가 살아있기 때문에 소화제로 활용했던 것이다. 밀가루에다가 기름을 배합하게 되면 소화가 잘 안 되기 때문에 선조들은 지혜롭게 간장을 활용하게 된 것이다. 이를 간장 대신 전통 발효식품인 고추장과 사과를 활용해서 소스를 만들어 부침개나 튀김을 함께 먹어 보자. 만드는 방법은 사과를 껍질째 강판에 갈아서 고추장을 약간만 넣고 혼합한 후 통깨를 부셔 넣는다. 이때 사과의 맛에 따라 각자 기호에 맞게 맛은 맞추면 된다. 사과가 새콤달콤하면 그대로 상에 올려도 된다. (고추장은 반드시 약간만 넣어야 함.)

건강지킴이, 식초

식초는 오행체질 분류법에서는 목木에 해당되어 간肝·담膽을 이롭게 하는 중요한 조미료이자 건강식품이다.

임신을 한 산모들은 대부분 신 것을 자주 찾는다. 왜 그럴까? 신맛은 오행으로 보아 목木이고, 방위로는 동東쪽이며 계절로는 봄春에 해당한다. 동쪽에 해가 뜨면 하루가 되고, 봄은 1년의 시작이듯이 아이가 잉태되었다는 것은 한 인생을 시작한다는 커다란 의미를 갖는다. 그러기에 같은 목木에 해당하는 신맛을 찾는 것이다.

예로부터 신맛은 수렴하고, 매운맛은 발산하며 흩날린다고 하여 '산수신산酸收辛散'이라 하였다. 사람의 뱃속에 새로운 생명이 잉태되는 것은 우주 기운의 결집을 의미하므로 좋은 기운들이 응집되어야 함은 당연하고, 그 응집을 돕는 것이 맛에 있어 신맛이다. 새로운 시작의 알림이다. 해가 뜨고[東], 싹이 돋는[春] 것과 마찬가지이며, 이 기운이 음陰인 여성의 몸속[女]에 목숨[台]이 생기는 것이 인생의 시작이다.

우리 식탁에 없어서는 안 될 식자재는 참으로 많다. 그중에서 음식의 주재료는 아니지만, 늘 기억될만한 강렬한 맛을 더해 주는 조미료들이 있다. 그중 하나가 바로 식초다. 식초는 발효식품이다. 각종 아미노산, 호박산, 주석산 등 60종류 이상의 유기산이 포함돼 있다.

유기산은 몸속의 피로물질인 젖산을 분해하는 작용을 하며, 당의 대사를 돕고 부신피질 호르몬의 분비를 촉진해 당뇨병을 비롯한 각종 만성병의 원흉인 스트레스를 억제하는 효과가 있다. 흔히 입맛이 없을 때 새콤한 맛이 당기곤 하는데, 양조식초에 함유된 초산 등의 유기산은 식욕을 증진시키는 효과가 있다. 식초의 효과는 우리가 알게 모르게 일상에서 경험하고 있는데, 한 가지 예를 들면 생선회와 같은 날 음식을 들 수 있다. 날 음식을 먹으며 식초를 사용하는 것은 식초에 살균작용이 있기 때문이다. 또 식초는 비만 예방, 간 기능 강화, 성장 촉진, 당 대사 촉진, 면역력 증강, 피로 회복 및 생활에 활력을 준다. 또 지혈止血, 익혈益血 작용을 하고, 혈액순환을 촉진하여 피를 맑게 하며, 각종 출혈성 질환을 다스리고, 혈액의 생성을 도우며 빈혈을 개선한다.

전날 술을 마시는 경우 해장으로 식초를 진하게 더한 냉면을 찾는 사람들이 꽤 있다. 이는 과학적인 근거가 있는 일이다. 식초뿐만 아니라 오미자, 모과, 매실 등 맛이 새콤한 것들은 영양소가 우리 몸에서 분해되는 과정인 '크랩스 사이클'을 촉진한다. 때문에 독소를 해독시키는 데 도움이 되어 숙취를 빨리 푸는 데 효과가 있는 것이다. 식초를 커피잔 한 잔의 물에, 티스푼으로 3~4 스푼 넣어서 마셔 보자. 술의 독성을 물과 가스로 분해해 체외로 배출시킨다.

우리는 필요할 때 식초를 쉽게 구해 사용할 수 있다. 하지만 내가 직접 건강한 재료로 만든 것이 나와 내 가족의 건강을 지키는 데는 더 좋을 것이다. 간편하게 천연 과일식초 만드는 법을 소개하고자 한다. 나는 사찰식 약선요리 연구가로 활동하고 있지만 필요한 모든 식자재를 내가 직접 다 만들어 사용할 수는 없는 일이다. 특히 식초 같은 경우는 전문적인 분야이고 시간도 오래 걸리기 때문에 시판되고 있는 식초를 활용해 맛있는 천연 과일식초를 만들어 사용한다. 여러분도 얼마든지 할 수 있다.

식초는 가을에 만드는 것이 좋다. 사과 2배 식초를 준비하고 과일은 산이 많은 과일을 준비한다. 예를 들어 가을에 많이 나는 사과를 기준으로, 유자, 석류, 파인애플처럼 신맛이 강한 과일을 준비하자. 과일을 깨끗이 씻은 후, 물기를 닦아 슬라이스로 자른다. 자른 과일을 항아리나 유리병에 담고 과일이 잠길 정도로 식초를 붓는다. 항아리나 유리병 입구를 한지로 덮어 놓은 후 100일이 지나 걸러서 사용하면 된다. 시중에서 사서 사용한 식초와는 분명 다른 맛을 느낄 수 있다.

덕德이 있는 과일, 유자

유자는 신맛이 나는 과일로 오행체질 분류법에서는 목木에 해당되어 간肝·담膽을 이롭게 하는 식재료이다.

유자가 나오는 11월이 되면 어머니의 사랑이 담긴 고두현 시인의 〈늦게 온 소포〉가 생각난다.

늦게 온 소포

밤에 온 소포를 받고 문 닫지 못한다.
서투른 글씨로 동여맨 겹겹의 매듭마다
주름진 손마디 한데 묶여 도착한
어머님 겨울 안부, 남쪽 섬 먼 길을
해풍도 마르지 않고 바삐 왔구나

울타리 없는 곳에 혼자 남아
빈 지붕만 지키는 쓸쓸함
두터운 마분지에 싸고 또 싸서
속엣것보다 포장 더 무겁게 담아 보낸
소포 끈 찬찬히 풀다보면 낯선 서울살이
찌든 생활의 겉꺼풀들도 하나씩 벗겨지고
오래된 장갑 버선 한 짝
해진 내의까지 감기고 얽힌 무명실 줄 따라
펼쳐지더니 드디어 한지더미 속에서 놀란 듯
얼굴 내미는 남해산 유자 아홉 개.

(후략)

유자는 기氣를 아래로 내리고 가래를 삭이며, 소화를 돕고 숙취를 해소하는 작용을 한다. 소화불량 환자나 위가 창만 하고 트림이 자주 나오는 사람에게 적합하며, 기관지염으로 기침을 하는 사람, 천식을 앓는 사람 등에게 효과가 있다. 다만 기氣가 약하고 체력이 허약한 사람은 많이 먹어 좋을 게 없다. 비장이 허약하여 변이 묽게 나오는 사람이나 당뇨병 환자에게도 좋지 않으니 나의 체질을 알고 먹는 것이 현명하다.

겨울철 부족해지기 쉬운 비타민을 보충하는 데는 유자가 아주 큰 도움을 준다. 유자 껍질에는 혈관벽을 유연하게 만드는 성분이 풍

유자 쌍화대보 단자

당귀 1(주초) 2g, 작약 2(주초) 4g, 천궁 1(거유주초) 2g, 숙지황 12g(사물차), 갈근 1(미강수초) 2g, 황기 1(초황) 2g, 용안육 12g, 대추 1(씨를 제거 후 굽는다.) 2g, 시나몬 0.8~1.6g, 맥아 0.8(초황) 1.6g, 감초 1g, 건강 0.3g, (초초) 0.6g, 유자

유자 소독 : 소금물 0.9%, 식초는 소금의 1/3. 이 둘을 잘 섞은 뒤 유자를 30분정도 담가놨다가 깨끗하게 씻어 주세요.

❶ 쌍화대보단자1개에 생수 2리터를 붓고 끓으면 약불로 줄여 뭉근하게 물이 반이 될 때까지 달여 주세요. (달게 드시려면 대추나 배를 썰어 넣고 달여도 좋아요.)
❷ 1을 거르고 같은 방법으로 재탕을 해서 1과 혼합해 주세요.
❸ 기호에 따라 꿀이나 원당(비정제 설탕)을 타서 드셔요.

유자차

손질한 유자 1kg, 유기농 설탕 800g 또는 1kg, 소독된 유리병

(유자 소독 : 물 1리터당 소금 2g + 식초 4㎖에 30분 정도 담가 놨다가 씻어 주세요.)

❶ 유자를 깨끗이 닦아 물기를 닦아 주세요.

❷ 유자를 반으로 갈라 과육을 수저로 파내고 씨를 발라 주세요.

❸ 유자 껍질은 잘게 채 썰어 곱게 다져 주세요.
과육은 착즙기에 즙만 짜 주세요.

❹ 껍질과 과즙을 혼합한 후 설탕을 80% 정도로만 버무려 녹여 주세요.

❺ 4를 소독된 유리병에 담고 남은 설탕을 위에 올린 후 뚜껑을 닫아 냉장 보관하시고 위에 부린 설탕이 녹으면 따뜻한 물에 타서 드시면 됩니다.

부해 뇌졸중과 심근경색 예방에도 효과가 좋다.

현대를 살아가는 우리에게는 간편하게 먹는 비타민C 알약도 있고 감기에 들어도 선택할 수 있는 수많은 감기약이 있다. 하지만 우리 몸에는 자연에서 온 그대로의 귀한 식품들을 활용하는 것이 가장 건강하고 바르게 작용할 것이라 믿는다. 그래서 '유자 쌍화대보단자'와 '유자차' 만드는 법을 소개한다.

복숭아를 닮은 오얏, 자두

자두는 신맛이 나는 과일로 오행체질 분류법에서는 목木에 해당되어 간肝·담膽을 이롭게 하는 과일이다.

자두를 부르는 우리말, 오얏. 이 오얏이란 낱말이 주는 멋이 있다. 그리고 잊지 말아야 할 역사도 있다. 작고 하얀 꽃송이가 다다닥 모여 피는 오얏꽃은, 송이송이 소박한 멋도 있고 흐드러지게 모여 피는 화려함도 갖고 있다. 이 오얏꽃은 대한제국시대에는 왕실을 대표하는 문장으로 사용되기도 했는데, 구한말 발행한 54종의 보통우표에는 이왕가李王家의 문장인 오얏과 태극이 주조를 이루었다. 이 때문에 당시 이화우표라고도 불렀다.

자두는 칼륨이 풍부한 식품이다. 풍부한 칼륨은 고혈압을 예방하고, 시트룰린citrulline이라는 아미노산이 소변 생성을 촉진해 이뇨작용을 돕는다. 신맛을 내는 사과산과 구연산의 작용으로 피로를 풀어 줄 뿐 아니라, 식욕을 증진하고 불면증에도 효과가 있다. 자두 껍질에는 다량의 카로틴과 비타민C, 칼슘이 들어 있어 껍질째 먹을수록 효과가 크다. 식물섬유와 팩틴도 함유하고 있어 잼과 젤리로도 활용이 유용하다. 여성들에게는 한 번 더 살펴봐야 할 식품이기도 하다. 〈대한폐경학회 학술대회〉에서 '폐경 여성을 위한 식사 10계명'을 발표한 적이 있는데, 그중 하나가 폐경 여성은 콩이나 자두를 먹어야 한다는 것이었다.

자두는 두 가지 얼굴을 가진 열매이기도 하다. 열을 내리고 진액을 만들어 주며 갈증을 멈추게 하는 효과가 있다. 또 수액 대사를 활발하게 하는 이수작용을 하는데, 목을 많이 사용하는 사람에게 좋다. 만성간염, 간경화 복수 환자에게 효과가 있는 고마운 식품이다. 또 피부 가려움증에도 효과가 있는 것으로 전해진다. 다만 자두의 또 다른 얼굴 또한 꼭 기억해야 한다. 중국의 고대 의학서적인 『천주본초』는 자두에 대해 "불가다식不可多食, 손상비위損傷脾胃"라 기재하고 있다. 동양의학에서 자두는 담을 만들고, 습을 도와주는 성질을 갖고 있다 한다. 한꺼번에 많이 먹지 않는 것이 좋으며, 비위를 손상하는 성질이 있으므로 비위가 약한 사람은 먹지 말라고 한다. 또 아직 익지 않은 쓰고 떫은 자두는 독이 있어 식용하면 안 된다. 이렇듯 사람의 몸을 보호하는 역할과 독을 주는 역할을 하니, 두 가지 얼굴을 갖고 있다 해도 무방할 것이다.

신선의 식품, 잣

잣은 고소한 맛이 나는 견과류로 오행체질 분류법에서는 목木에 해당되어 간肝·담膽을 이롭게 하는 불로장생 식품이다.

하루를 시작하는 아침, 몇 알의 견과류 섭취가 에너지를 북돋우고, 성인병을 예방하며, 노화를 방지한다고 알려져 있다. 그래서 일정량의 견과류를 규칙적으로 복용하는 사람도 많은데, 잣도 그 견과류의 대표주자다. 잣의 성분 중 비타민E는 시력의 회복과 빈혈 치료에 효과가 있고, 머리카락이 빠지는 사람이 섭취하면 모공이 단단해져 탈모증이 없어지며 머리카락에는 윤기가 난다. 뇌세포와 신경조직 발달에 필수적인 레시틴은 두뇌발육에도 효과가 있어 수

험생들에게 추천하는 식품이기도 하다. 특히 비타민B가 풍부하고 지방은 불포화지방산으로서 피부를 부드럽게 하며, 혈압을 내리는 작용을 한다. 이는 피부에 직접 작용해 윤기가 나게 할 뿐만 아니라, 오장의 기능도 높이기에 피부를 건강한 상태로 이끌어 준다.

중국 의서인 『해약본초海藥本草』에서는 "잣은 모든 풍병을 다스리고 장과 위를 좋게 한다."고 했다.

잣은 예로부터 불로장생의 식품으로 알려져 있다. 또한 귀한 식품으로 여겨 기운이 없을 때나 입맛이 없을 때 찾는 식품이기도 하다. 잣으로 만든 죽을 먹으면 기운이 샘솟고 입맛을 돌게 하는 데 큰 효과가 있다. 지금도 노약자와 환자를 위한 영양식으로 잣죽은 크게 사랑받고 있다. 잣은 풍부한 영양과 그윽한 솔향이 나는 견과류로 신선식품이라 하는데, 잣을 활용하여 간편하게 만들 수 있는

잣소스 더덕 샐러드

더덕, 잣소스(잣 2큰술, 배 1/4, 자염(소금), 흑임자)

1. 손질한 더덕은 비닐 위에 놓고 방망이로 자근자근 두드린 후 잘게 찢어 주세요.
2. 배는 강판에 갈아 잣과 함께 믹서에 간 후 자염으로 간을 해 주세요. (자염은 한 꼬집만 넣어 주세요.)
3. 1에 2의 소스를 넣고 고루 버무린 후 흑임자를 뿌려 주세요.

잣소스 더덕샐러드의 레시피를 소개한다.

명의 화타가 감탄한, 차조기

들깨와 닮은 차조기. 식물 전체에서 자줏빛이 강하게 돌고 향이 짙은 특징을 갖고 있다. 어린잎은 쌈과 비빔밥으로 활용되고, 간장이나 된장을 이용한 장아찌를 담가도 맛난 것으로 유명하다. 열매는 익기 전에 장아찌를 담거나 튀김을 하기도 한다. 한방에서는 차조기잎을 가리켜 '소엽'이라 부르고 종자를 '자소자'라 부른다. 발한, 진해, 건위, 이뇨, 진정 효과가 있고 진통제로도 쓰인다.

식품이라기보다 약초에 가까운 쓰임을 보이는 차조기는, 사찰요리 전문가 선재 스님의 서술을 빌려 이야기를 하고자 한다.

죽은 사람도 살려 낸다는 중국의 명의 '화타'가 있었다. 화타는 게를 먹고 탈이 난 사람들을 바로 차조기 달인 물로 고쳤다. 화타가 환자를 치료하면서 '보랏빛 약초를 환자가 먹으니 속이 편하구나'라는 생각에서 '자서紫舒'라고 이름 붙였다고 한다. 그 이름이 시간이 흐르면서 '자소紫蘇'라 불리게 되었다.

이렇듯 차조기는 해독작용이 뛰어난 특징이 있다. 이 때문에 회나 고기를 먹을 때 쌈채소로 활용하면 좋다. 동맥경화를 치료하는 데도 효과가 있는 것으로 알려져 있는데, 부처님께서는 초가을에 흔하던 유행성 열병의 치료약으로 차조기 열매를 썼다고 전해진다. 우리나라에서 차조기는 여러 지방에서 저절로 나 자라기도 하고, 밭에 심어 가꾸기도 한다. 차조기를 고를 때는 잎의 보랏빛이 진하

차조기옥수수전

옥수수, 차조기잎, 메밀가루, 자염, 현미유(식용유)

❶ 옥수수는 알맹이만 따서 믹서에 넣고 물을 조금 붓고 갈아 주세요. 자소는 채 썰어 주세요. (옥수수는 삶은 것이 더 고소해요.)
❷ 옥수수 간 것에 끈기가 생길 만큼의 메밀가루를 넣고 소금간해 반죽해 주세요. 팬에 기름을 두르고 반죽을 한 숟가락씩 떠 놓은 다음 한쪽이 익으면 채 썬 자소잎을 얹은 후 뒤집어 노릇노릇하게 부쳐 주세요.

고 잎 뒷면까지 보랏빛이 나는 것을 선택하는 것이 좋다. 차조기잎은 말려서 차를 끓여 마시기도 하는데, 감기에 걸렸을 때 최고의 약으로 꼽힌다. 오한으로 온몸이 쑤시고 콧물이 나오며 가슴이 답답하고 목이 마를 때, 차조기잎을 달여 마시고 땀을 푹 내고 나면 개운하다.

차조기는 해독작용뿐만 아니라 영양도 풍부한데 비타민A는 당근보다 많이 들어있고, 비타민C의 함량도 높다. 그밖에 칼슘, 인, 철 등 미네랄을 많이 함유하고 있는 차조기를 요리에 활용하여 보자.

차조기는 송아리가 영글기 전에 튀김을 하면 알알이 터지는 느낌이 새롭고, 강한 방부작용이 있어 송아리째 간장장아찌를 담가두었다가 김밥에 활용하면 색다른 김밥이 된다.

세 가지 덕의 상징, 참깨

참깨는 오행체질 분류법에서는 고소한 맛으로 목木에 해당되어 간肝·담膽을 영양하는 묘약이다.

참깨는 우리 식탁에서 너무나 친숙한 존재다. 깨를 짜낸 참기름은 각종 음식에 맛깔스런 향을 입히고, 완성된 요리 위에 사뿐히 얹어 군침을 돌게 한다.

참깨를 가리켜 '세 가지 덕(三去之德)'이 있다고 한다. '늙어도 풍이 없고, 흰머리가 검어지고, 근심을 날린다'는 것이다. 그래서 아들 하나 있는 것보다 노부모에게 더 효도 한다고 하여 '효마자孝麻子'라고도 불렀다. 의사의 아버지로 불리는 히포크라테스는 참깨를 '사람의 활력을 생산하는 먹거리'라고 표현했으며, 중국 약물학의 총서인 『신농본초경』에서는 참깨의 효능을 이렇게 기록한다.

"오장의 기능을 보하고, 뼈의 수액과 뇌를 충만시켜 준다. 장복하면 몸이 점점 가벼워지고, 나이를 먹어도 늙지 않게 된다."

그래서일까, 참깨는 예부터 불로장생의 묘약으로 전해 내려온다.

참깨는 지방과 단백질, 식이섬유 등의 영양 성분이 풍부하게 함유된 영양식품이다. 학자들은 이런 비밀스러운 힘이 리그난lignan이라는 특수 성분에 있음을 밝혀냈는데, 피부와 모발을 아름답게 하고 고혈압을 예방하는 것은 물론, 노화 방지 효과가 있다는 것이다. 또한 비타민E와 비타민F도 풍부하게 함유하고 있는데, 비타민E는 혈액순환을 원활하게 하여 회춘의 묘약이라 알려졌고, 비타민F는 정자 생산을 촉진하고 난소를 성숙시킨다고 알려져 있다. 그래서

참깨소스 떡볶음

떡국떡 200g, 당근 1/3개, 생들기름, 흑임자

참깨소스) 통깨 2큰술, 조청 1큰술, 간장 1큰술, 연겨자 1큰술, 참기름 또는 생들기름 1큰술, 고운 고춧가루 반큰술

❶ 떡과 당근은 4cm로 잘라 주세요.

❷ 통깨를 분마기에 갈아 소스의 모든 재료를 혼합해 주세요.

❸ 팬을 달군 후 기름을 두르고 당근을 볶다가 떡도 함께 볶아 주세요.

❹ 3에 떡이 구워지듯 볶아지면 불은 끄고 참깨소스를 1큰술을 넣고 버무린 후 흑임자를 뿌려 주세요.

Tip.

- 참깨소스를 채소 샤브샤브에 활용해 맛있는 샤브요리를 즐길 수 있어요.
- 소스가 짜기 때문에 샤브샤브 국물을 조금 넣어 희석해서 찍어 먹으면 알맞은 간으로 요리를 즐길 수 있으니 활용해 보세요.

참깨를 상식하는 부부는 임신율이 높다고 한다. 간장肝腸을 건강하게 하고 해독작용을 하는 이노시톨inositol과 콜린choline이 들어 있어 참깨를 꾸준히 먹으면 몸속의 독소를 제거하고 변비도 해소할 수 있다고 하니, 그저 향 좋고 모양 좋아 참깨가 우리 가까이 있던 것은 아닐 것이다.

우리의 식탁에서 참깨를 활용할 수 있는 참신한 방법을 생각해 보았다. 남녀노소를 가리지 않고 좋아하는 떡볶이를, 고추장이 아

니라 참깨소스를 만들어 사용해 보면 어떨까? 간편하게 즐길 수 있는 참깨 떡볶음을 소개한다.

최고의 사회적 지위의 상징인 후식, 파인애플

파인애플은 오행체질 분류법에서는 목木에 해당되어 간肝·담膽을 이롭게 하는 매혹적인 과일이다.

파인애플은 오랜 세월 부자들의 특권으로 여겨졌던 과일이다. 17세기에서 19세기 유럽에서는 파인애플로 식탁을 장식하고 음식을 먹는 것을 사회적 지위의 상징으로 여기기도 했다. 파인애플의 독특한 신맛은 입맛을 자극하고, 비타민과 미네랄이 풍부하고 소화에 도움을 주기 때문에 유럽에서는 겨울철 필수 식품으로 이용했다. 파인애플은 잎이 달린 윗부분과 아랫부분의 당도 차이가 큰데, 아랫부분의 당도가 더 높다. 그래서 보관할 때 거꾸로 세워 두면 단맛이 전체적으로 퍼져 맛있게 먹을 수 있다. 아주 작은 보관 방법의 차이로도 과일의 맛이 좌우되는 것이다. 먹을 때는 파인애플의 껍질의 1/3이 녹색에서 노란색으로 바뀌고 단 냄새가 날 때 먹으면 된다.

바깥 음식을 자주 먹는 사람이라면, 또 저녁 회식을 많이 하는 사람이라면 이런 경험을 한번쯤 해 봤을 것이다. 고기를 먹는 집에 앉아 있으면, 파인애플을 시식해 보고 구매하라고 권하는 사람들을 만난다. 많은 사람이 특별한 생각 없이 지나쳤을 것이다. 그런데 이렇게 판매하는 파인애플은 나름 과학적 원리를 기반으로 하고 있다. 파인애플이 고기를 먹고 난 뒤에 후식으로 먹는 과일 중 최고이기 때문이다. 파인애플에는 브로멜라인bromelain이라는 단백질 분해 효소가 들어 있어 육류의 소화를 돕는다. 브로멜라인은 수천 배의 무게를 가진 단백질을 소화하는 능력이 있어서 질긴 육류를 조리할 때 파인애플즙을 넣으면 고기가 부드러워진다. 고기를 재울 때 배를 갈아 넣는 것처럼, 파인애플을 이용하는 것은 같은 원리다. 다만 지나치게 많이 넣으면 고기가 흐물거려 씹는 맛이 없어지므로 주의하는 것이 좋다.

브로멜라인은 단백질식품 알레르기에 효과가 있으며, 가래가 배출되기 쉽게 만들고 기관지가 부었을 때 염증을 제거하는 작용도 뛰어나다. 파인애플을 먹고 입가에 묻은 즙을 닦지 않으면 입 가장

파인애플 된장소스

파인애플, 전통된장

❶ 파인애플의 농익은 부분을 잘라 믹서에 넣고 갈아 주세요.

❷ 파인애플 한 개에 된장 한 큰술의 비율로 전통 된장을 넣어 갈아 주세요.

❸ 좋아하는 생채소에 소스를 버무려 드시면 좋아요.

Tip.

- 된장은 반드시 전통된장을 이용하셔야 해요.
- 소스 맛에서 된장 맛이 느껴지지 않을 정도로 된장을 조금만 넣어야 해요.

자리가 트고 심한 경우 피가 나오기도 하는데, 이 또한 브로멜라인 때문이다. 특히 껍질 근처에는 수산칼슘 결정이 들어 있어서 혓바닥을 자극하기 때문에 많이 먹으면 입 안이 깔깔하다. 이런 것을 보면 아무리 좋은 식품도 적정량을 지키는 것이 중요하다.

매혹적인 향, 달콤한 맛! 파인애플은 다양한 요리에 활용되지만, 우리 전통된장과 배합해서 간단한 샐러드 소스를 만들어 보자.

나누고 베풀며 영양을 선물하는, 팥

팥은 오행체질 분류법에서는 목木에 해당되어 간肝·담膽을 영양하여 피로를 풀어 주는 곡식이다.

연중 밤의 길이가 가장 긴 동지에는 예부터 팥죽을 먹었다. "동지 팥죽을 먹어야 진짜 나이를 한 살 더 먹는다."라는 옛말도 있으니, 얼마나 오랜 시간, 동지가 되면 팥죽을 나눠 먹었는지 알 만하다. 붉은 팥에 찹쌀가루를 새알 모양으로 빚어서 나이대로 새알심을 챙겨 먹는 풍속이 있는데, 절집에서는 새알심을 '옹심이'라 한다. 불교는 생명존중사상을 귀히 여기기에, 말로라도 생명이 있는 새알을 살생하지 않기 위해서 옹심이라 표현한다. 현대에 와서는 절집에서 애동지, 중동지, 노동지를 구분하지 않고 팥죽을 많이 쑨다. 이렇게 쑨 팥죽은 마을 사람들과 함께 나누어 먹으며, 동지는 사람과 함께하는 축제의 날이 되었다.

내가 사는 곳은 천안 광덕면 호두의 고장이다. 천안의 명물 중 하나는 호두과자인데, 호두과자의 주재료는 사실 호두라기보다는 팥과 밀가루라 할 수 있다. 팥과 밀은 간肝에 이로운 식품이기에, 여행에 지친 이들의 피로를 풀어 준다. 그래서 천안 호두과자가 여행객 사이에서 유명해진 건 아닐까?

팥은 비타민B1이 풍부해 각기병의 묘약으로도 불린다. 찹쌀 팥밥, 단팥죽, 팥 경단, 팥떡 등 다양한 음식으로 만들어 활용하는데, 영양가도 뛰어나지만 무엇보다 소화흡수율이 매우 좋다. 그래서 많은 사람이 함께 어우러져 먹을 때 팥을 이용한 음식이 사랑받았는지 모를 일이다. 이런 팥으로 만든 음식에 소금을 넣으면, 독을 풀고 배변을 부드럽게 하는 팥의 작용이 항진된다. 그러나 설탕을 넣으면 변비가 되기 쉽고 비타민B1도 소모되기에 팥 요리에는 가능하면 소금을 넣어 먹자.

팥은 몸속에 흐르는 호르몬작용을 하는 식품으로도 유명한데, 체내에 수분이 쌓여 생기는 부종과 살찌는 것을 예방한다. 붓기를 가라앉히는 효능이 있는 만큼, 황달 산후 유즙이 부족할 때 쌀과 돼지 족발을 넣고 죽을 끓여 먹으면 좋다. 비만의 경우 동과(호박의 한 종류)와 함께 죽을 쑤어 먹으면 다이어트에 좋다.

팥을 삶은 물은 그 자체로 급성 신장염에 좋은 약이 된다. 간의 건강을 유지하는 중요한 성분인 콜린도 들어 있어 해독작용이 뛰어나다. 곤충이나 개에 물렸을 때 팥가루를 물에 타서 마시면 독이 퍼지지 않는다고 한다. 손가락이 부어 아플 때는 팥가루와 동일한 분량의 찹쌀가루를 식초에 개어서 아픈 부위에 바르면 상처가 덧나지 않고 잘 낫는다.

이렇듯 다양한 효능과 해독 기능이 있는 팥으로 죽을 쑤어 보자

통팥죽

팥 1컵, 찹쌀 1컵, 생수 10컵, 자염(소금) 1/2작은술, 감자전분 약간, 오곡가루 한 컵

1. 찹쌀은 씻어서 불려 놓고, 팥은 씻어서 물을 붓고 한번 끓어오르면 그 물을 따라 버리고 분량의 찬 물을 붓고 포~옥 무르도록 삶아 주세요. (팥의 10배)
2. 오곡가루를 반죽해서 옹심이를 만들어 주세요.
3. 1에다가 불린 찹쌀을 넣고 쌀이 퍼지면 옹심이를 전분가루에 굴려 넣고 옹심이가 위로 뜨면 불을 끄고 자염으로 간을 해 주세요.

Tip.

- 많은 양을 하실 경우에는 옹심이를 따로 해 두심 좋아요.
- 팥죽은 통팥으로 끓여야 깊은 맛이 나고 끓일 때 튀지 않아요.
- 옹심이 반죽을 팥 삶은 물로 반죽하면 구수하고 깊은 맛을 즐기실 수 있어요.

알알이 햇볕에 반짝이는, 포도

포도는 오행체질 분류법에서 목木에 해당되어 간肝·담膽을 영양하는 항암 과일에 속한다.

'프렌치 패러독스French Paradox'의 상징, 와인. 프랑스 사람들이 담배를 많이 피우고 버터와 육류 등의 동물성지방을 즐겨 먹는데도 불구하고 심혈관 질환에 의한 사망률이 낮은 이유는 바로 붉은 음식인

포도를 원료로 만든 적포도주를 즐겨 마신다는 데 있었다.

'포도지정葡萄之情'이라는 말이 있다. 어린 자식을 위해 어머니가 포도 한 알을 입에 넣어 껍질과 씨를 가려낸 후 입물림으로 먹여 주며 키우는 정을 말함이다. 그래서 부모에게 효도하지 않고 배은망덕한 행동을 하는 사람은 '포도지정을 잊었다' 하여 사람들로부터 지탄을 받아 왔다.

포도는 기운과 진액을 만들고 비위와 근골, 혈액을 보하며 소변을 잘 통하게 한다. 기혈 부족인 사람, 가슴이 두근거리고 오한이 있는 사람에게 적합하고 폐기가 약해 기침을 하는 사람에게 효과가 있다. 간 병, 신장염, 고혈압, 암, 수종 환자에게 도움이 되니 피로하고 무기력하며 근골에 통증이 있는 사람, 신경쇠약 증상이 있는 사람에게도 도움이 된다. 최근 하루에 마시는 와인 한 잔이 수명을 늘린다는 연구 결과도 있었는데, 이 또한 포도가 가진 영양 때문에 나온 결과이리라.

포도는 놀라울 정도로 몸을 재생시키는 능력과 정화 효과가 뛰어나 '최상의 활력 공급제'로 평가 받는다. 포도당과 과당 덕분에 독특한 맛을 느낄 수 있고, 각종 비타민과 유기산도 풍부하다.

포도는 항산화물질 폴리페놀의 유기산작용으로 몸의 독소를 제거해 준다. 포도주의 항산화능력은 비타민E의 두 배에 달하고, 포도주스는 포도주보다 항산화 능력이 더 높다는 연구 결과도 있다. 일본에서 이루어진 연구에서는 포도 추출물을 주사한 실험동물의 종양의 크기가 더 커지지 않았고, 부분적인 암 증상이 완전히 치료되는 결과를 보이기도 했다. 일본 연구진들은 포도껍질을 '항돌연

포도녹두죽

포도즙 원액 2컵, 녹두가루 4큰술, 건포도 20g, 정향 3~4알, 소금 1/2작은술

❶ 포도는 깨끗이 씻어 알알이 떼어 냄비에 넣고 정향을 함께 넣어 주세요. 끓여서 알이 녹으면 채에 걸러 주세요. (포도즙 원액)
❷ 포도즙을 졸이면서 불린 녹두가루를 풀어 넣고 잘 섞어 주세요.
❸ 2에 건포도를 다져 넣고 소금 넣고 한소끔 끓으면 불을 꺼 주세요.

뱅쇼

레드와인 750㎖, 생수 250㎖, 시트러스 과일 1개, 사과 1개, 통계피 1개(적당히), (팔각 2개), 건생강 2~3쪽, 정향 2~3알, 통후추 5~6알, 꿀 또는 원당

❶ 시트러스 과일과 사과는 얇게 썰고, 나머지 마른재료는 물에 살짝 씻어 건져 주세요.
❷ 1과 와인, 생수를 모두 냄비에 넣고 끓으면 약불로 줄여 뭉근히 30분 정도 졸여 주세요.
(뚜껑은 열어 주세요. 그래야 알코올이 날아가요.)
❸ 드실 때는 기호대로 설탕이나 꿀을 넣어 드시면 돼요.

변이원'이라 했는데, 이것이 암이 되는 세포를 방해하는 물질이라고 밝혔다.

포도의 수분을 제거하면 건포도가 된다. 신비로운 것은 건포도에는 포도의 영양 성분 대부분이 그대로 남아 있다는 것이다. 시중에 유통되고 있는 건포도는 상온에서 유통되는데, 그 과정에서 변질을 막기 위해 식용유로 코팅한다. 간식으로 먹거나 요리로 활용할 때는 반드시 3~4회 깨끗이 세척해 먹을 것을 권한다. 이 과정이 번거롭다면 한 번에 세척하고 겉 수분을 건조기로 말려 냉장 보관하면 편리하다. 포도는 다양하게 활용되는데 술을 담그기도 하고 잼이나 푸딩을 만들 때도 사용한다. 음료로는 포도주스를 만들고 식초를 만드는 데도 쓰이는데, 특히 녹두와 배합하면 중금속 해독에 좋아 중금속에 쉽게 노출되는 현대인에게 좋다.

두뇌의 영양제, 호두

호두는 오행체질 분류법에서 목木에 해당되어 간肝·담膽을 이롭게 하는 건뇌식품이다.

우리 집 뒷산에 자리 잡고 있는 천안 광덕산 자락에 고찰 광덕사가 있는데 그곳이 호두의 시배지이다. 광덕면이 지리적으로 호두가 적합한 곳이기는 한가보다. 신기하고도 재미있게도 지도를 광덕면만 떼어 놓고 보면 인체의 뇌와 흡사한 모양이다. 두뇌활동을 돕는 호두가 뇌와 비슷한 모양의 광덕면에서 재배되다니 선조들의 지혜와 자연의 신비로움이 엿보인다.

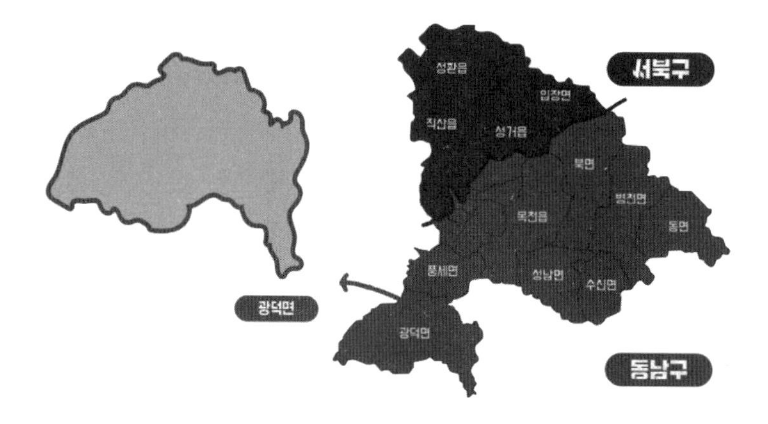

호두가 우리나라에 유입된 것은 약 700여 년 전 고려 중엽으로 추정된다. 유청신이 원나라에 사신으로 갔다가 가져온 것을 고향인 천안 광덕에 처음 심었다고 전해진다. 그래서 지금도 천안에는 호두나무가 많고, 덕분에 호두과자가 천안의 명물이 되었다.

호두에는 주요 영양 성분인 지방을 비롯해 비타민 B1, B2, E 등이 풍부하다. 특히 불포화지방산의 일종인 오메가3가 풍부해 두뇌 활동을 돕고, 비타민E가 몸의 조직을 활발하게 만들어 머리숱이 적어지거나 흰머리가 되는 것을 막아 준다. 성장기에 있는 어린이나 정신노동이 많은 사람에게도 좋다. 한방에서는 호두를 변비나 기침, 구리독을 푸는 데 활용한다.

『동의보감』에서는 호두의 효능을 다음과 같이 기록한다.

“경맥을 통하게 하며 혈액순환을 원활히 한다.

수염과 머리를 검게 하고 살찌게 하며 몸을 튼튼하게 한다.

성질이 열熱 하므로 많이 먹으면 좋지 않다.

과식하면 눈썹이 빠지고 몸을 뜨겁게 만들어 풍 증상을 유발한다."

귀하고 좋은 식품이라 하여 넘치도록 먹는 것은 언제나 좋지 않다. 호두 또한 그렇다. 앞서 『동의보감』에 기록된 내용을 살펴봤는데, 호두는 강정 효과와 소화기를 강하게 하는 효과도 있다. 불면증과 노이로제를 치료하기에 좋지만, 다른 견과류와 마찬가지로 지방이 풍부해 열량이 높다. 한꺼번에 많이 먹기보다는 한 줌, 20~30g 정도가 적당할 것이다. 너무 많이 먹으면 몸을 뜨겁게 만든다는 사실을 꼭 기억하자. 호두는 신장의 정기를 보하며 폐를 따뜻하게 하

호두 브라우니

호두 1.5컵, 카카오가루 3큰술, 캐롭가루 1.5큰술, 반건시 1개, 건포도 3큰술, 아가베시럽 2큰술, 생수 1작은술, 바닐라 엑기스 1작은술, 소금 한 꼬집

1. 푸드프로세서에 호두를 먼저 갈아 주세요.
2. 카카오가루와 캐롭가루를 넣어 잘 섞이도록 다시 살짝 갈아 주세요
3. 물을 제외한 나머지 재료를 넣고 혼합해 생수로 농도를 조절해 주세요.
4. 준비한 파운드 틀에 유산지를 깔고, 브라우니 반죽을 꾹꾹 담아 냉동실에서 10분 정도 굳혀 주세요.
5. 정갈하게 잘라 접시에 예쁘게 담아 주세요.

기 때문에, 천식을 멈추게 하는 데 효과가 있다. 또 장을 윤택하게 만들어 변을 잘 통하게 한다. 노인들의 만성 기관지염, 기혈 부족에 좋은 식품이니 과하지 않게 곁에 두면 그 효과를 고루 누릴 수 있을 것이다.

호두를 이용한 로푸드 레시피를 하나 소개하고자 한다. 최근 들어 건강식의 하나로 로푸드에 대한 관심이 높다. 로푸드는 무작정 생으로 먹거나 어려운 접근 방식을 선택해야 하는 것이 아니다. 맛도 좋고 건강에도 좋은 하나의 방법일 뿐이다. 로푸드 호두 브라우니 레시피를 소개한다.

2장

화火형 체질

심장과 소장에 좋은 푸드 테라피

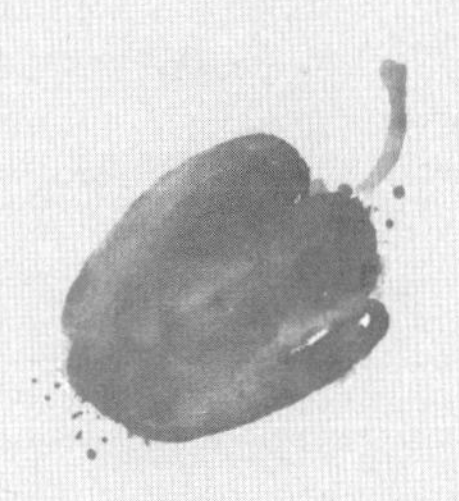

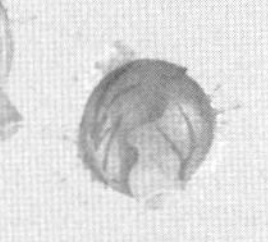

화火형 체질

	큰 장부	심장, 소장	쓴맛, 붉은색	
	작은 장부	폐장, 대장, 신장, 방광	매운맛, 짠맛, 흰색, 검은색	
	체형	몸이 마르고 다리가 길다.	방향	南
	얼굴형	이마가 넓고 턱이 좁다.	수	2, 7
相克		火生土 火克金	계절	南
강한 형		火土形	약한 형	金水形
영양 식품	맛	쓴맛, 단내, 불내 나는 맛	막걸리	木
	곡식	수수	소주	火
	과일	살구, 은행, 자몽	맥주	水
	근과	도라지, 더덕	양주	相火
	야채	상추, 쑥갓, 씀바귀, 쑥, 근대, 샐러리, 영지, 치커리, 케일, 신선초		
	육류	염소, 사슴, 곱창, 선지, 참새	얼굴전체 : 심장에서 주관 눈 : 간 / 코 : 폐 입 : 비장 / 귀 : 신장	
	조미	술, 짜장, 초콜릿		
	차, 음료	홍차, 녹차, 커피, 쑥차		
심장과 소장의 지배 부위		주관절, 상완, 얼굴, 혀, 혈관, 땀		
심장과 소장이 약한 시간		아침(07:00~11:00)		
변의 모양		점점이 떨어진다. (심장에 이상)		
소질		예술, 체육, 무술, 언론	궁합	남자 : 金形 여자 여자 : 水形 남자
설득 방법		칭찬하면 좋아서 응함.	습관	이상적인 미래를 말한다.

화火형(심·소장)의 특징*

심장과 소장이 발달된 체질이어서 심장을 보호하기 위해 어깨가 넓고 이마도 넓어 염상炎上하는 형상을 갖고 있다. 불이 타올라 확 퍼지는 모양은 삼각형을 거꾸로 세워 놓은 모양과 비슷한 역삼각형에 가까운 얼굴 모습이다. 화형인은 안색이 붉고 잇몸이 넓으며 얼굴이 뾰족하고 머리가 작으며 어깨와 등 그리고 대퇴부와 복부 발육이 좋다. 또 손발이 작으며 걸을 때 부드럽고 편안하게 땅을 밟지만 걸음이 빠르다. 어깨와 등 근육이 풍만하다.

화火형(심·소장)의 본래 성격

화기火氣는 뜨겁게 하여 발산하며 확 퍼지게 하고, 산화한다. 불이 나서 태우므로 물질을 변화시켜 에너지가 되게 한다. 화려하고 아름다우며, 순간적으로 폭발하는 힘이 강해 뜨겁고 정열적이며, 예술적이고 환상적이다. 힘 있고 돌격적인 용감한 성격이면서 명랑하고 흥이 있다. 밝고 환하고 탐구적이고 진취적이며 용감해서 나

* 김춘식. 『오행색식요법』, 청홍. 2018.

서기를 좋아하지만 구속받는 것을 싫어한다. 사람들과 관계 맺기를 좋아하며, 다른 사람을 즐겁게 하는 재주가 있으며, 탐구하고 진취적이다. 질서를 중시하고 예절이 바르며, 체육과 무술을 좋아하고, 육감(직감)이 예민하다.

화火형(심·소장)의 병든 성격

화火 에너지가 약하거나 넘치게 되면 충동적인 행동을 일삼고 말이 많아지기도 하고 화를 잘 내고 신경질적이며 폭발적이고 돌격적이다. 또한 체계성이나 안정감이 부족하여 상대방에게 신뢰를 주기가 어렵다. 또한 예의가 없는 안하무인이 되기도 하며, 짜증을 많이 내며 사소한 일에도 사생결단하려는 듯한 모습을 보이기도 한다. 사치하고, 지나치게 웃기를 잘 하고 깜짝깜짝 잘 놀란다. 지구력이 약해 집중력이 약하고 사생결단을 내려고 한다. 꿈이 많고 어리광을 부리며 공주병이 있다. 매사에 급하고 부산하며, 뛰기를 좋아한다. 화火형의 병든 성격은 오전과 여름에 더 나타난다.

화火형(심·소장)이 병이 들었을 때의 육체적 증상

심장은 열을 싫어하고 기쁨과 혈액과 맥을 주관하고, 정신과 의지와 땀을 주관하여 혀를 열게 하며 그 증상은 얼굴에 나타난다. 이를 기반으로 심장 부위 통증, 얼굴과 이마와 머릿속이 땀이 많다. 또한 갈증이 자주 나고(소갈증), 주관절(팔꿈치)통, 견갑골통, 양볼(관료혈)이 붉어지고 면홍(얼굴 붉어짐)이 나타나기도 한다. 5번째 손가락이 휘거나 짧아 부자유스럽고, 좌골 신경통, 혓바늘, 말더듬(설음 ㄴ,

ㄷ, ㅌ, ㄹ 발음 부정확), 면종(얼굴이 붓는 증상), 심장성 혈압(고·저혈압), 배꼽 위쪽에 딱딱한 덩어리, 명치 밑통(거궐통), 딸꾹질의 증상이 나타난다. 또한 심장 판막증, 심근경색증, 심장천공, 소리 숨참, 혈관계 이상(모세혈관 확장증, 혈전, 자반증, 고콜레스테롤), 피血 이상(빈혈, 현기증, 생리불순), 혈액 순환(수족냉증, 수전증, 남성 발기부전), 하혈, 잘 놀람, 습관성 유산, 불임증, 생리통(무월경, 생리혈 뭉침), 난소(배란통), 눈 충혈(모세혈관)이 수반된다.

소장은 위에서 초보적인 소화를 거친 음식물을 접수하는 것과 이렇게 접수된 음식물이 상당시간 소장에 머물면서 수곡정미(水穀精微)는 흡수하고 찌꺼기는 대장으로 보내는 역할을 한다.

소장에 병변이 생기면 소화흡수의 부실로 복창(腹脹), 장명(腸鳴), 변당(便溏;변이 진흙 같음) 등의 증상이 나타난다. 또한 수액(水液)과 조박(糟粕;찌꺼기)이 분별이 안 되고 서로 섞여 변이 묽어지고 소변이 적어지게 된다.

푸드 테라피

화火형인들의 얼굴 형상은 역삼각형의 모양으로, 불꽃과 같이 뿜어져 나오는 에너지를 가지고 있다. 신체 중 발달 장부는 심장과 소장이다. 반대로 화형인의 약한 장부는 화극금하여 폐나 대장과 수극화되지 못하여 신장과 방광이 약하게 될 수 있다. 그러므로 폐·대장에는 매운맛, 비린내 나는 맛, 화한 맛을 내는 현미, 율무, 배, 복숭아. 파, 마늘, 무, 배추 생선, 생강 등이 좋다. 색으로는 흰색 음식인 율무, 배, 무, 양파, 백합, 행인, 연근, 배, 무, 도라지, 콩나물, 숙주나물 등이 이로움을 준다. 신장이나 방광에는 짠맛, 찌린 맛의 전통음식(간장, 된장, 고추장, 장아찌, 짠지 등)과 해조류(미역, 다시마. 김, 함초), 천일염, 죽염 등이 도움이 된다. 색으로는 검정색 음식인 서목태, 서리태, 오골계, 해삼, 자라, 가물치, 표고버섯, 목이버섯, 검정깨, 검정콩, 김, 미역, 다시마, 흑미, 흑대추, 수박씨 번데기, 메밀, 올방개, 가지, 오디, 게, 미꾸라지, 고동, 해바라기씨, 흑마늘, 용안육 등이 이로움을 준다.

다이어트에 효과가 있는, 근대

근대는 쓴맛으로 오행체질 분류법에서 화火에 해당되는 심장과 소장을 이롭게 하는 식품이다.

유난히 눈이 많이 내리는 해가 있는가 하면 좀처럼 눈을 찾아보기 힘든 겨울도 있다. 사람의 살림살이가 편안해짐에 따라 자연은 점점 더 아파서, 안타깝게도 이렇게 들쑥날쑥한 날씨를 만나게 되는 것 같다.

눈이 내리든 내리지 않든 겨울의 추위는 사람의 피부뿐만 아니라 몸속 깊숙한 육장육부까지도 얼어붙게 만든다. 그런 날이면 따뜻한 국물 한 숟가락이 얼마나 큰 위안으로 다가오는가. 그중에서도 구수한 된장을 풀고 근대를 넣어 팔팔 끓인 된장국은, 얼어붙은 몸을 녹이고 입맛을 되살려 주는 좋은 향토 음식이다.

근대는 우리에게 참 친근한 채소다. 시원한 성질을 가지고 있고 단맛을 지니고 있어 나물, 국, 쌈, 다양한 형태로 식탁을 채워 왔다.

성분이 시금치와 비슷해 한여름 시금치 대신 더위에 강한 근대를 재배하기도 했다. 근대는 위와 장을 튼튼하고 다양한 영양을 공급해 주는 채소이기도 하다. 또한 몸에 지방이 쌓이는 것을 막아 주기 때문에 피부 미용과 다이어트에 효과가 있고, 식이섬유와 무기질이 풍부하게 들어 있어 소화 기능을 향상시키는 것은 물론 혈액순환까지 돕는다.

많은 사람이 '미美'에 집중한다. 사람의 몸은 온전히 입으로 먹는 것으로 에너지를 만들어 사용한다. 무엇을 먹느냐가 건강과 아름다움을 모두 책임지는지도 모를 일이다. 피부가 거칠거나 성장 발육이 더딘 아이들이 가족 구성원에 있다면, 근대를 더욱 가까이 해 보는 건 어떨까? 단백질 함량은 낮지만 필수아미노산이 풍부해 피부를 깨끗하게 해 주고, 아이들에겐 성장발달에 큰 힘이 되어 준다.

강장식품의 대명사, 더덕

더덕은 쓴맛으로 오행체질 분류에서 화火에 해당하는 심·소장을 이롭게 하는 식품이다.

모든 사람이 튼튼하게 건강한 체질로 나면 좋으련만 현실은 그렇지 못하다. 사찰식 약선요리를 하면서 만난 많은 이들이 제각기 다른 체질과 다른 허약 부위를 갖고 있었다. 어떤 이는 하체에 힘이 없고, 어떤 이는 기관지가 약하고, 또 어떤 이는 유독 치아 건강이 좋지 않고, 어떤 이는 조금만 피곤해도 눈의 피로를 느꼈다. 그렇다. 타고난 체질과 건강 상태에 따라 약한 곳도 다른 것이다.

우리는 주변에서 기관지가 약해 애를 먹는 경우를 꽤 만난다. 환절기가 되면 기침과 가래를 달고 살거나, 쉬이 감기에 들거나, 아침이면 코맹맹이 소리를 내거나 하는 등의 증상은 모두 기관지가 약하기 때문이다. 가을에 폐와 인후가 건조해 마른기침을 하거나, 가래가 말라 끈적이는 증상이 있는 사람, 목소리가 자주 쉬는 사람들에게는 더덕이 보약이다. 더덕은 폐열을 내리고 폐와 위장을 윤택하게 하며, 진액을 만들어 주고 기운을 보하는 식품이다. 또 가래를 없애고 기침을 멈추게 하는 효능이 있어 호흡기 계통의 염증 치료에 좋다. 앞서 환절기면 호흡기에 이상을 느끼는 이들에게 좋은 효과를 보이는 것도 이 때문이다. 강장 효과와 더불어 피로회복에도 좋으니 참 감사한 작물이다.

『본초강목』에서는 "더덕은 위장의 기능을 돕고, 고름과 종기를 삭혀주며 오장의 풍기를 고르게 한다."고 하였다.

더덕은 '사삼'이라 불리는 뿌리를 강장식품으로 유용하게 쓰고 있지만, 실은 잎도 약이 되는 훌륭한 산나물이다. 물론 식물은 양분을 뿌리에 대부분 저장하나, 잎에도 그러한 영양물질과 화합물이 함유되어 있다. 또한 뿌리가 지니지 못한 잎의 풍부한 엽록소와 여러 성분이 인체에 유익한 요소를 선물해 준다. 더덕에는 칼슘, 인, 무기질이 풍부하며 식물성 섬유질이 많이 함유되어 있다. 또 단백질, 당질, 비타민을 골고루 함유한 고칼로리 식품이다. 그래서 더덕은 체력을 키워 주고 쌓인 피로를 풀어 주며 열을 내리는 역할을 한다.

식물들은 대부분 껍질에 약성이 70~80% 모여 있다고 해도 과언이 아니다. 한약명에 '皮피'자가 붙는 이름이 많은 이유는, 껍질에 약

더덕 새순 겉절이

더덕 순, 소스(집간장 2큰술, 식초 1큰술, 생수 2큰술, 원당 약간, 고춧가루 약간)

❶ 분량의 소스 재료를 잘 섞어 주세요.
❷ 더덕 새순에 소스를 넣어 살살 버무려 주세요.
❸ 참깨를 뿌린 후, 더덕의 향을 그대로 즐기며 드시면 좋아요.

Tip.
- 샐러드용 더덕은 강원도산보다는 제주도산 더덕이 아삭하고 단맛이 있어요.
- 용도에 따라 구이용은 강원도산, 샐러드용은 제주산을 활용하면 좋아요.

성이 가장 많이 함유되어 있으므로 그 부위를 약으로 사용하라는 의미이다.

한방에서는 더덕을 '양유羊乳'라고 하여 약용하는데, 몸에 부족한 음기陰氣를 더하며 폐를 윤택하게 한다. 담을 삭이며 농을 배출시키는 동시에 열을 내리고 해독하는 효능도 있다. 가슴과 장에 종기나 종양이 있는 경우 사용하고, 독사에게 물린 후에 해독제로 사용하기도 했다. 양유라는 이름에서 유추할 수 있듯 산모의 젖 분비를 원활하게 돕는 효능도 있다.

더덕을 잘라 보면 하얀 진액이 나오는데, 이는 인삼의 약 성분인 사포닌saponin이다. 쓴맛을 낼 뿐 아니라 폐의 기운을 돋운다. 더덕이 오래전부터 기관지염이나 천식을 치료하는 약재로 널리 쓰여 왔던 것도 이 때문이다. 사포닌은 이눌린과 함께 핏속의 콜레스테롤과 지질 함량을 줄이고 혈압을 낮춰 준다.

그렇다면 더덕을 일상 식생활에서 어떻게 활용하면 좋을까? 봄새순이 나오는 계절, 더덕의 새순을 따 보면, 더덕향이 뿌리에서 나오는 것보다 더 그윽하니 이루 말할 수 없이 좋다. 이 향을 그대로 살리려면 양념은 아주 간단히 하는 것이 좋다. 한국식 샐러드, 겉절이로 무쳐 보면 우리 입맛에 꼭 맞는데, 그 방법을 소개해 본다.

사랑의 상처를 보듬는, 도라지

도라지는 쓴맛으로 오행체질 분류에서 화火로 심·소장을 이롭게 하는 식품이다.

『본초강목』에서는 도라지를 "여자의 속살을 예쁘게 하고 상사병을 낫게 하며, 질투 때문에 저주받아 생긴 병에 잘 듣는다."라고 표현해 놓았다.

그 옛날부터 도라지를 사랑과 밀접한 식품이요, 약초라고 한 점이 참 재미있다. 사실 도라지는 당질과 섬유질, 무기질이 풍부한 알칼리성 식품이다. 특히 칼슘 함량이 높으면서 철분도 다른 채소에 비해 많이 함유되어 있다. 도라지는 오행체질 분류법으로는 쓴맛이기 때문에 화火체질(심·소장)에 이로움을 주지만 한방에서는 호흡기질환(폐· 대장)에 이로움을 주는 식품으로 분류한다.

한방에서는 도라지를 '귀하고 길한 풀뿌리가 곧다'라 하여 '길경'이라 부른다. 말린 것을 '백길경'이라 하여 호흡기질환 치료제로 쓴다. 도라지는 색이 희고 뿌리가 곧고 탄력이 있는 것이 좋다. 껍질을 벗긴 것보다 벗기지 않은 통도라지가 맛과 향이 좋은 건 당연하다. 도라지 하면 더덕의 사촌 격으로 생각되는데, 도라지 역시 더덕처럼 사포닌 성분이 풍부하다. 도라지꽃이 필 때 특히 사포닌 성분이 많아지는데, 기관지 점막의 분비작용을 도와 가래와 담을 삭이고 기침을 멎게 하는 효과가 있다. 중추 억제 작용과 항염증, 혈관 확장 작용도 한다.

다만 이러한 약성이 있다 하여 맨날 도라지뿌리를 먹는다고 그 병이 곧 사그라드는 것은 아니다. 자주 식단에 올리면 기침, 가래를 은근히 수그러드는 효험이 나타나는 것이다.

도라지는 특유의 쓴맛을 지니고 있다. 그대로 조리하면 쓴맛 때문에 먹기가 쉽지 않다. 도라지의 껍질을 벗겨 적당한 굵기로 갈라 천일염으로 조물조물 주물러서, 기호에 맞게 쓴맛을 우려내어 맑은 물로 헹군 뒤, 조리하는 것이 좋다. 도라지는 7~8월이면 흰색과 보라색의 꽃을 피우는데, 보라색의 청초한 꽃을 따서 밥을 지을 때 넣으면 밥 색깔이 보랏빛으로 물들어 보기에 아름답다. (마지막 뜸 들일 때 꽃을 넣어야 함.) 또 어린 순은 겉절이를 하거나 살짝 데쳐 나물로 무치거나 묵나물로 만들어 보관할 수 있으니 활용해 보자.

봄철 입맛을 돋우는, 두릅

제철식품과 신토불이를 먹는 것은 자연의 향연을 먹는 것과 같다. 그 중에서도 나물을 먹는 것은 흙냄새 풋풋한 자연의 에너지를 섭취하는 것이다. 산과 들에 지천으로 돋아나는 나물은 예부터 떨어진 입맛을 돋우는 먹거리이자 몸과 마음에 양기를 보충해 주는 보약과 같은 것이었다. 공자의 『논어論語』에서도 '유물유칙有物有則'이라 하여 우주의 모든 것은 때가 있다고 했다. 즉 때를 거스르는 것은 자연을 거스르는 것이다.

봄철 입맛을 돋우는 데 으뜸인 두릅은 쌉싸래하면서도 향긋한 맛이 일품으로, 그 중에서도 어린 두릅순은 봄날 최고의 선물이다. 산두릅은 새순이 벌어지지 않고 통통한 것으로 붉은 껍질이 붙어 있고 길이가 짧은 것이 향도 좋고 맛도 좋다.

두릅은 위를 건강하게 하는 건위작용 외에도 이뇨, 진통, 수렴 등의 효과가 있어 위궤양, 위경련, 신장염, 당뇨병 등 여러 증상의 치료에 도움이 된다. '산채의 제왕'이라 불리는 두릅은 맛이 맵고, 성질이 차지도 뜨겁지도 않아 누구에게나 잘 맞는 식품이다. 두릅은 단백질 함량이 높고 단백질을 구성하는 아미노산의 조성이 좋으며 칼슘과 비타민C가 많이 들어 있어 영양 면에서 매우 우수한 채소이다. 두릅을 섭취하는 데 있어 다양한 조리법이 있지만, 끓는 물에 살짝 데쳐서 초고추장에 찍어 먹는 것이 가장 간편하면서도 향과 맛을 그대로 느낄 수 있는 방법이다.

예전에는 두릅을 '목두채木頭菜'라고 하여 다른 나물과는 달리 열대 정도를 새끼줄이나 노끈에 엮어 팔았다. 두릅나무의 껍질은 '총목피楤木皮'라 하여 당뇨병, 신장염, 위궤양 등에 약재로 쓰고, 잎이나 뿌리, 열매는 건위제로 쓰인다. 떫고 쓴맛을 내는 사포닌 성분이 들어 있어 혈액순환을 돕고 피로를 풀어 주므로 정신적으로 피로하거나 불안한 사람, 공부하는 학생이 먹으면 머리가 맑아지고 잠도 편하게 잘 수 있다.

신장이 약한 사람과 만성 신장병으로 몸이 붓고 소변을 자주 보는 사람에게도 권한다. 열량이 낮아 혈당치를 떨어뜨리고 허기를 막아주므로 당뇨환자나 다이어트 식이요법에도 좋은 봄나물이다.

봄기운을 맞이하는, 머위

머위는 쓴맛으로 오행체질 분류에서 화火로 심·소장을 이롭게 하는 식품이다.

맛은 우리의 감정에도 큰 영향을 미친다. 화가 날 때 쓴맛이 나는 음식을 먹으면 기분이 가라앉고, 긴장한 상태에서 단맛이 나는 음식을 먹으면 마음이 풀리며, 신맛이 나는 음식을 먹으면 기분이 살아난다.

약간의 쓴맛은 깊은 맛을 주어 음식을 맛있게 하는 효과가 있고, 짠맛은 다른 맛을 증강시켜 주는 효과가 있다. 신맛은 긴장감과 스트레스를 완화해 주는 역할을 하고, 단맛은 농도와 상관없이 음식이 맛있다고 느끼게 하는 능력을 지녔다.

머위는 봄기운을 가장 먼저 맞는 식물이다. 한문 이름으로는 '관동款冬'으로 부르고, 머위꽃은 겨울을 두드려 깨우고 나오는 꽃이라 하여 '관동화款冬花'라 부른다. 또 얼음을 가르고 잔설을 뚫고 나온다 하여 '생명초'라고 부르고, 겨울을 금강석처럼, 송곳처럼 뚫는다는 뜻에서 '찬동躦凍'이라 부르기도 한다. 이렇듯 머위는 꽃이 먼저 나온 다음 잎이 나온다.

식욕을 증진하고 소화를 촉진하는 효과가 있으니, 겨울을 나는 동안 굳어 있던 사람의 몸을 보해 주는 역할을 하는 것이 아닌가. 기침이나 천식에 사용하면 좋고, 머위꽃 역시 가래를 없애는 효능이 있고 기침이 심할 때 사용하면 좋다. 머위뿌리는 편두통에 효과가 있고, 잎과 줄기는 생선 독을 해독하니 꽃부터 줄기, 잎, 뿌리까지 무엇 하나 소중하지 않은 부위가 없다.

머위잎은 비타민A를 비롯해 미네랄이 골고루 들어 있고 칼슘이 많다. 알칼리성 식품이라 산성 체질을 변화시키고 유지하는 데 도움을 주는데, 비타민 부족에서 오는 각기병, 입안이 트거나 혓바늘이 돋을 때 도움이 된다. 칼슘이 풍부하니 성장기 어린이에게 좋고, 갱년기 여성의 골다공증 예방에도 효과가 있으며, 쌉싸레한 맛은 소화에 좋다. 타박상으로 인한 어혈도 풀어 준다.

옛날에 산에서 독사에 물리거나 벌레에 물렸을 때, 사람들은 머위를 짓이겨 붙이고는 했다. 그만큼 머위의 해독작용이 좋은 것이다. 겨울 동안 쌓인 독을 풀어 주고, 입맛을 돌게 하며, 중풍 예방의 효과도 있는 머위를 다양하게 요리하여 봄 식탁에 올려 보자.

얼음을 가르고 나온 머위꽃은 어린 순과 함께 겉절이로 무쳐도 쌉싸름하니 입맛을 돋우고 꽃은 튀김을 해도 좋다. 그 다음 쓴맛이 자리 잡게 되면 데친 뒤 집간장에 무쳐서 한 접시, 소금과 생들기름으로 무쳐서 한 접시, 고추장으로 무쳐서 한 접시, 된장으로 무쳐서 한 접시. 또 머위는 단백질이 부족하니 두부를 으깨어 함께 무치면 영양학적으로도 궁합이 잘 맞는 두부 머위무침 한 접시. 이렇게 머

머위대 들깨볶음

삶은 머위대 200g, 생들깨 2큰술, 찹쌀가루 2큰술, 채수(육수) 2컵, 집간장 1작은술, 자염(소금), 생들기름, 홍고추

❶ 머위는 소금물에 삶아 껍질을 벗겨 먹기 좋은 굵기로 갈라 잘라 주세요.
❷ 생들깨는 채수로 믹서에 갈고, 찹쌀가루도 채수에 풀어 주세요.
❸ 팬에 생들기름을 두르고 1을 볶다가 집간장으로 간을 한 뒤 2를 잘박하게 붓고 끓여 주세요.
❹ 3에 2를 넣고 한소끔 끓으면 어슷 썬 홍고추를 넣고 불을 꺼 주세요.

위나물 한가지로 풍성한 밥상을 차릴 수 있다.

머위가 조금 자라면 잎은 억세져서 밥상에 올릴 수 없으니 머위대만 들깨와 배합하여 여름을 건강하게 나기 위한 요리를 해 보자. 여름을 건강하게 나기 위해서는 쌉싸름한 봄나물을 내 몸에 선물을 많이 해 줘야 한다.

인술을 베푸는 의사, 살구

살구는 오행체질 분류에서 화火로 심·소장을 이롭게 하는 과일이다.

살구나무가 무성하게 꽉 들어차 있는 모습을 본 적이 있는가? 그

모습을 가리켜 '행림'이라 부른다. 살구나무 숲이란 뜻이기도 하다. 옛날 중국에서는 의사를 행림이라고 불렀다는데 여기엔 훈훈한 이야기가 숨어 있다. 한나라 때 후관에 '동봉'이라는 의사가 살았다. 독약을 먹고 죽은 지 사흘이 된 시체를 살린다고 할 정도로 명의라는 소문이 자자했다. 그는 병을 치료해 준 뒤 중환자에게는 살구나무 다섯 그루를, 가벼운 환자에게는 살구나무 한 그루를 심으라고 했다. 그러기를 수십 년이 지나고, 어느덧 마을에는 십만 그루의 살구나무가 자라 빼곡한 숲을 이루었다. 엄청난 살구가 열리자 그는 동네 사람들에게 곡식을 가져와 그 값어치만큼 살구를 따 먹으라고 했다. 그렇게 바꾼 곡식으로 가난한 사람을 도와주었다. 그때부터 인술을 베푸는 의사를 가리켜 '행림'이라 부르기 시작했다고 한다.

살구는 그 어떤 과일보다 비타민A의 전구체인 카로틴이 풍부하다. 그 빛깔은 오렌지빛을 닮았는데, 말리지 않은 진한 색의 완숙 살구일수록 카로틴 함량이 높다. 살구 100g이면 하루에 필요한 카로틴의 절반인 2700IU을 섭취할 수 있으니 참 고마운 식품이다. 카로틴 외에도 인, 마그네슘과 같은 미네랄이 풍부해, 두뇌에 좋고 기억력을 높이며 적혈구 수를 증가시킨다는 연구 결과도 있다. 치아에 좋은 불소 성분도 풍부해 치아가 건강해진다. 빈혈에도 효과가 뛰어나고 시력 향상에도 효능이 있으며, 위를 편안하게 하고 대장 운동을 촉진해 습관성 변비 개선에도 도움이 된다. 사람이 먹고 자고 배출하는 과정은 삶을 유지하는 가장 기본적이고 중요한 행위다. 살구는 그러한 일상을 도와주는 식품이라 해도 과언이 아닌 듯하다. 그러니 생명을 살리는 의사를 가리켜 행림이라 할 만 하지 않은가.

살구는 폐가 건조해 마른기침을 하며 진액이 말라 갈증을 느끼는 사람에게도 효과가 있다. 현대 의학으로는 만성기관지염에 의한 기침에 좋고, 폐암, 비인암, 유선암에도 효과가 있는 것으로 알려져 있으며, 화학요법이나 방사선 치료 후에 몸을 보하는 데도 도움이 된다.

특히 살구는 그 씨까지도 훌륭한 약이 되는데, '아미그달린 amygdalin'과 그와 비슷한 'B-지아노겐' 배당체 성분의 항암 활성물질이 들어 있다. 주성분인 아미그달린은 암세포만을 선택해 억제하고 죽이는 작용을 하는데, 실험 결과 살구씨를 달인 물은 JTC-26 암세포에 대한 억제율이 50~70%에 달했고, 살구씨는 발암성 진균인 누른 누룩곰팡이와 잡색 누룩곰팡이의 생장을 100% 억제했다고 한다.

물론 식품을 약으로만 먹을 수는 없다. 이것은 그저 우리의 생각을 보완해 주는 역할을 할 뿐이다. 하지만, 식품이 갖는 효능이나 영양은 거짓이 아니다. 우린 그 식품들의 도움을 받으며 소중한 생명을 이어 나가는 것이다.

불끈불끈 힘을 내 주는, 상추

상추는 쓴맛으로 오행체질 분류에서 화火로 심·소장을 이롭게 하는 식품이다.

상추를 먹으면 잠이 잘 온다고 알고 있는 이들이 많다. 물론 틀린 얘기가 아니다. 하지만 상추가 잠을 잘 자게 해 주는 효과만 있을까? 한방에서 상추는 근육과 뼈를 보강하고 오장육부의 기능을 순조롭게 하는 성질을 지녔다고 말한다. 외용약으로도 유명한데, 타박상에 상추를 즙을 내어 바르면 효과가 있다. 또 눈에 핏발이 서서 풀리지 않을 때 즙을 내어 한 잔씩 3회 정도 복용하면 핏발이 풀리는 걸 경험할 수 있다. 또 상추를 뿌리와 함께 말려서 가루로 갈아 양치질할 때 치약과 함께 사용하면 미백 효과를 볼 수 있으니, 참 놀라운 작물이다.

『본초강목』에서는 "유즙을 잘 통하게 하고, 소변을 잘 나오게 하며, 벌레나 뱀의 독을 없앤다."고 하였다.

상추는 여러 가지 미량 원소를 많이 함유한 식품이다. 각종 비타민과 칼슘, 인, 철분을 함유하고 있으며, 암 예방에도 일정한 효과가 있는데 특히 위암, 간암, 장암을 예방하는 효능이 있다. 『본초강목』에서는 상추가 신腎, 즉 정력에 좋다 했고, 여성의 유즙을 잘 통하게 하고 소변 배출에도 도움을 준다고 기록하고 있다. 상추를 직접 재배해 본 사람은 알 수 있는데, 상추를 꺾으면 흰 진액을 볼 수 있다. 이 진액은 리쿠르신으로 진통과 마취 효과가 있다. 또 상추를 먹으면 졸음이 오는데, 상추에 들어 있는 락투카리움Lactucarium이 수면제 역할을 하기 때문이다. 락투카리움은 불면증, 황달, 빈혈에 효과가 좋으며, 몸이 붓고 소변이 잘 나오지 않을 때, 뼈마디가 쑤시고 혈액이 탁해졌을 때도 효과를 발휘한다. 특히 상추의 생즙은 현대인 누구나 가지고 있는 스트레스에 효과가 있다. 쉽게 짜증이 나고 우울한 증상이 있거나, 신경성으로 머리가 무겁고 아프다면 상추의 생즙을 먹어 보자. 한결 개운해진 느낌을 받을 수 있다.

상추대궁 불뚝전

상추대궁(상추) 100g, 우리밀가루 1컵, 생수 1컵, 자염(소금) 1/2작은술, 식물성기름

❶ 상추는 깨끗이 씻어 물기를 제거하고 밑둥을 방망이로 잘근잘근 두드려 주세요.
❷ 밀가루로 적즙을 주르륵 흐를 정도로 농도를 맞춰 주세요.
❸ 팬을 달군 뒤 상추를 적즙에 적셔 손으로 훑어 준 다음 부쳐 주세요.
❹ 완성된 상추 불뚝전을 사과 고추장 소스에 찍어 드세요.

* 사과 고추장 소스 : 사과, 고추장
- 사과를 강판에 갈아 고추장을 풀어 주세요.
(사과 1개 분량에 고추장은 1작은술 정도만 넣어야 해요. 고추장이 많이 들어가면 고추장 냄새가 나요. 그리고 사과가 맛이 없으면 새콤달콤하게 각자 기호에 맞게 식초나 설탕으로 맞추시면 돼요.)

음식에도 궁합이 있다. 쌈을 먹은 뒤에는 수정과를 마시면 좋다. 찬 성질을 가진 상추에 비해서 수정과에는 따뜻한 성질을 가진 계피, 생강, 후추 등이 들어가기 때문에 상추와 수정과를 함께 섭취하면 서로에게 부족한 것을 채워 몸을 중화시킨다.

불면증이 있다면 상추와 쑥갓을 곁들여 보자. 두 작물이 모두 최면 효과가 있기에, 잠을 쉽게 이루지 못하는 이들에게 도움이 된다.

또 상추는 차가운 성질을 가져 음陰 체질에 맞는 채소지만, 쑥갓은 따뜻한 성질을 가지고 있어 서로 어우러져 우리 몸이 영양분을 그대로 섭취할 수 있도록 돕는다.

상추를 먹고 체했을 때 생강즙을 마시면 해독 효과가 있고, 주변에 모유 수유를 하는 사람이 있다면 상추와 돼지 족을 함께 먹도록 해 보자. 상추가 모유 분비를 촉진하고 돼지 족도 같은 작용을 하기에 효과가 상승한다.

우리는 상추를 쌈 채소로 많이 활용하고, 가볍게 무쳐 먹기도 한다. 상추로 가볍게 겉절이를 만들면 식탁에서 입맛을 돋우는 반찬으로 활용할 수 있는데, 특히 사찰에서는 '상추 불뚝전'이라는 음식을 만들어 먹는데 그 레시피를 공유해 본다.

무병장수를 기원하는, 수수

곡식 중에 수수는 쓴맛이 나는 곡식으로 오행체질 분류법에서는 화火에 해당하며 심·소장을 이롭게 한다.

『황제내경』에서 곡식은 기운(氣運, 에너지)을, 야채나 과일은 도움(助)을, 고기는 힘(力, power)을 준다고 했다. 이것을 영양학적으로 분석해 보면, 곡식(氣運)에는 탄수화물, 지방, 단백질, 비타민(조효소), 미네랄, 섬유질 등 몸을 성장하고 유지하는 데 필요한 모든 영양소가 들어 있다. 야채나 과일(助)에는 비타민, 미네랄, 섬유질 등 역할이 제한된 영양소만 존재한다. 고기(力)에는 주로 단백질과 지방이 들어 있어 근육을 단단하게 하고 탄력성 있게 하는데, 일부 비타민

같은 조효소를 함유한 것도 있다.

오래전부터 사람의 건강과 안녕을 기원하는 곡식이었던 수수는 주성분이 전분이다. 쌀과 보리에 비교해 단백질 함량이 높은데, 아쉬운 것은 이 단백질의 소화율이 절반 정도밖에 되지 않는다는 것이다. 칼로리는 옥수수보다 높지만 지방 함량은 훨씬 낮다. 수수의 겉겨는 비타민B군이 많아 정제하지 않고 통으로 먹는 것이 좋다. 수수는 식물 가운데서는 특이하게 탄닌을 함유하고 있다. 이 탄닌은 위점막을 수축시켜 위장을 보호하고 숙취 풀기에 좋다. 골격 유지와 성장, 식욕 증진, 기침과 천식에도 효과가 있으니, 정서적으로도 육체적으로도 건강을 보호해 주는 곡식이라 해도 무방할 것이다.

『본초강목』에서 수수는 "중초를 따뜻하게 하고 장을 수축시키며 곽란癨亂을 멈추게 한다."고 하였다.

비위의 기운이 허약해 소화력이 약한 사람, 비장의 기운이 허약하여 위와 장에서 수렴하는 성질이 약해 만성 장염을 자주 경험하는 사람, 설사를 자주 하고 소화불량이 있는 사람, 잠에 들기가 어렵고 꿈이 많은 사람 등의 이런 이들이 있다면 수수를 자주 섭취하길 권해 본다.

우리 민족은 정월대보름이면 오곡으로 지은 밥과 아홉 가지 나물을 만들어 먹고, 부럼을 깨며 일 년의 안녕을 비는데, 이 오곡밥에서 빼놓을 수 없는 곡식이 수수다. 물론 오곡은 다섯 가지 곡물이지만, 넓은 의미로는 온갖 곡식을 아우르는 표현이기도 하다.

백일이나 돌 그리고 생일 때 미역국과 함께 빠뜨리지 않는 것이 수수팥떡이다. 그러한 날에 수수팥떡을 먹는 이유는 '수수팥떡을 먹어야 무병하고 장수하며 악귀를 물리친다.'는 말로 짐작해 볼 수 있다. 영남 지방의 '수수팥떡을 먹어야 넘어지지 않는다.'라는 속설로도 알 수 있다.

수수의 열매는 붉은색이다. 수수는 그 모양대로 아이들이 튼튼하게 성장하는 데 필수적인 칼슘과 철분을 비롯해 뼈에 좋은 많은 영양소를 가지고 있으며, 피를 상징하는 붉은색인 수수와 팥은 조혈작용을 비롯하여 심장에 좋은 음식이다. 밝혀진 바에 의하면 수수는 골격을 튼튼히 하고 성장을 도와주며 팥은 섬유질이 많아 배설이 잘 되게 돕는다고 한다.

옛날에는 아이들의 생일날 수수팥떡을 해서 서로 돌려 먹었다. 특히 백일 떡은 100집에 돌려야 무병장수하고 복을 받는다는 논리를 펴서 서로 성장기 영양보충을 도왔던 것이다. 주술적 미신 행위로 들릴 수도 있겠지만 깊이 생각하면 조상들의 탁월한 지혜가 엿보이는 대목이다.

수수팥떡에는 유아 성장에 좋은 성분이 많이 함유되어 있다. 이 성분은 탄수화물, 지방, 단백질과 같은 필수영양소가 아니므로 조금씩 자주 필요한 것이다. 자주 먹을 수 없던 시절에 품앗이처럼 서로가 서로를 위하여 베풀었던 것이다.

예를 들어 한 동네에 아이가 둘이 있는 집이 스물다섯 가구가 있을 경우에 50번의 떡을 해서 나누어 먹을 것이고, 계산해 보면 대략 1인당 일주일에 한 번 정도의 영양섭취가 가능했던 것이다. 조상들의 지혜가 깃든 아름다운 풍속이며 제도이다.

수수를 보면 대와 마디가 사람의 모양과 같다는 것을 알 수 있다.

실제로 무릎이나 팔꿈치를 싸고 있는 피부와 인대를 제거하면 뼈와 뼈가 분리되듯이 수숫대도 마디와 마디 사이에 칼로 조금만 흠집을 내도 분리되는 모양이 서로가 비슷하다. 수수는 사람의 뼈에 이롭게 작용한다는 것을 상징한다.

수수는 맛으로 보면 쓴맛이고 익어 가면서 붉은색으로 변해가므로 오행으로 분류를 해 보면 당연히 화火체질에 해당되는 심·소장에 이로움을 주는 식품이다.

현대과학으로 규명된 것으로 보아도 피는 뼈와 뼈 사이에서 생성된다. 수수에는 뼈에 좋은 칼슘, 칼륨, 철 등의 성분이 함유되어 있고, 피를 만드는 조혈작용과 피를 맑게 하는 정혈작용을 하고 있으니, 음양오행이 현대과학으로 증명되는 대표적 사례라 할 수 있다.

백병을 다스리는, 쑥

쑥은 쓴맛으로 오행체질 분류법에서는 화火로 심·소장을 이롭게 하는 산야초이다.

조물주는 사람에게 가장 이로운 것을 가장 흔하게 만들어 놓았다. 공기는 단 몇 분만 숨을 쉬지 않아도 생명을 유지할 수 없다. 그렇기에 가장 흔한 것이 공기이다. 이는 하늘이 준 특혜다. 지구촌 어디에도 공기를 마신다고 세금을 내는 일은 없을 것이다. 이러한 공기처럼 지천에 널려있는 게 쑥이다. 그만큼 쑥이 사람에게는 소중하다는 것이다. 세상 이치는 진짜로 좋은 것은 누구나 손쉽게 구해서 먹을 수 있도록 되어 있다.

혹자는 쑥을 가리켜 '자연이 인간에게 베푼 가장 값진 선물의 하나'라 했고, 맹자는 '만성 고질병에 3년 묵은 쑥이 명약'이라 했다. 그만큼 많은 질병에 효험이 있다는 얘기다. 단오날 낮에 캐서 말린 것을 약쑥이라 하여 으뜸으로 쳤다. 쑥은 독충에 물리거나 습진이나 상처가 난 곳에 찧어 바르곤 했다. 또 코피가 날 때 말린 쑥으로 코를 막으면 신기하게 멎는다 한다. 여름밤 쑥을 태워 모기를 쫓기도 했다. 쑥뜸을 뜨면 백혈구의 수가 2~3배 증가해 면역 물질이 생긴다고도 한다. 중국 한나라 말기에 완간된 본초학서 『명의별록』에서는 쑥을 뜸으로 사용하면 모든 병을 치료하며, 끓여서 먹으면 이질, 토혈, 부인 하혈을 멈추게 한다 했으니 그야말로 귀한 약초라 할 수 있다.

쑥을 너무 오래 먹으면 눈이 침침해질 수 있으므로 주의가 필요하다. 그 어떤 명약도 지나치면 부족한 것보다 못하다는 것을 우리에게 가르쳐 주는 듯하다. 태평양 전쟁 당시 일본에 원자폭탄이 떨어졌을 때, 일반 초목들은 모두 시들어 죽었지만 쑥은 살아남아 생명력이 강함을 보여 주었다.

봄에 나오는 모든 새싹은 독이 없다고 한다. 쑥은 약용으로 많이 활용하지만 봄에는 다양한 요리로 여름이 오기 전까지는 밥상에 자주 오르곤 한다. 대부분 요리법은 데치거나 삶아서 사용하지만 햇쑥은 아직 쓴맛이 자리 잡지 않아 생식으로 활용하면 상큼하고 향긋한 봄의 맛을 즐길 수 있다. 여기에서는 햇쑥을 이용한 '쑥 겉절이'와 '햇쑥 김말이'를 소개해 보고자 한다.

쑥 겉절이

햇쑥, 배, 양념장(집간장 1큰술, 식초 1큰술, 생수 2큰술, 고춧가루 1/3큰술, 원당 1/3큰술, 통깨)

❶ 쑥은 새순으로 골라 깨끗하게 살살 씻어 주세요.
❷ 배는 적당한 크기로 썰어 준비해 주세요.
❸ 볼에 쑥과 배를 넣고 양념장을 끼얹어 살살 무쳐 주세요.
(쑥은 오래 씻으면 뒷면에 솜털이 물을 흡수해요.)

햇쑥 김말이

햇쑥, 배, 빨강 파프리카, 김밥용 김, 양념장(집간장 1큰술, 식초 1큰술, 원당 1/3큰술, 고춧가루 약간)

❶ 쑥은 깨끗이 씻어 물기를 탈탈 털어 쫑쫑 썰어 주세요.
❷ 배와 파프리카를 곱게 채 썰어 양념장에 버무려 주세요.
❸ 김발 위에 김을 올려놓고 1과 2를 가지런히 올리고 김밥 말듯이 말아 주세요.
❹ 예쁘게 썰어 주세요.

노인의 빈혈을 예방하는, 쑥갓

쑥갓은 쌉싸래한 맛으로 오행체질 분류법에서는 화火로 심·소장을 이롭게 하는 채소이다.

채소를 먹는다는 것은 곧 자연을 먹는 것이다. 독특한 향기로 사랑받는 쑥갓은 늦가을과 봄에 나는 것이 가장 맛있다. 쑥갓은 모세혈관을 넓히고 혈압을 내려 준다. 비타민A가 풍부해 야맹증 치료에 효과적이고, 다른 녹황색 채소보다 무기질과 섬유질이 풍부하다. 신경을 안정시키는 칼슘, 생활습관병을 예방하는 칼륨, 암 예방과 피부미용에 좋은 카로틴과 비타민C가 풍부하니 변화된 생활환경과 습관에서 오는 현대인의 생활 질병에 참 좋은 작물이다.

쑥갓은 폐열이 있어 노란 가래가 많고 기침을 하거나 대변이 건조하고 변비가 있는 사람에게 좋다. 또 휘발성과 방향성이 있어 위장을 튼튼하게 해 줄 뿐 아니라 소화를 돕는다. 풍부한 칼슘과 철분은 노인의 빈혈을 예방하고 골절상에 효과가 있다. 또 세균에 대한 저항력을 높여 주기 때문에 가래와 담은 같은 '비 생리적인 체액'을 없애고 심신을 안정시키는 효과도 있다. 이런 쑥갓의 모든 효과는 기력 보충에 도움이 되고 지친 심신의 기운을 북돋아 주니 얼마나 고마운 작물인가.

얼마 전 농촌진흥청 국립원예특작과학원의 발표를 살펴보면, 자외선을 쪼인 쑥갓 등의 엽채류가 혈중 콜레스테롤을 낮추고 노화 방지 및 암과 생활습관병 예방에 효과적인 성분이 풍부하다고 한다. 인공적으로 재배한 것보다 자연에서 햇볕을 받으며 자란 것이

단감쑥갓무침

단감, 쑥갓, 양념장(집간장 1큰술, 식초 1큰술, 생수 2큰술, 원당 1/3 큰술, 고춧가루 약간), 통깨

1. 단감은 은행잎 모양으로 썰고, 쑥갓은 깨끗이 씻어 적당한 크기로 손질해 주세요.
2. 양념장을 만들어 1을 버무려 주세요.
3. 마지막으로 통깨를 뿌려 주세요.

더 건강에 좋다는 사실이 다시 한번 입증된 것이다. 자연 앞에서 인간은 한없이 작은 존재이다.

최근에는 아스파라거스를 즐겨 찾는 이들도 늘고 있는데, 쑥갓은 아스파라거스와도 궁합이 잘 맞는다. 특히 이 둘을 함께 섭취했을 때 동맥경화에 효과가 있는데, 쑥갓과 마찬가지로 아스파라거스에도 루틴이 많아서 모세혈관을 튼튼하게 하기 때문이다. 또 이 두 가지 모두 알칼리성 식품이기 때문에 체질이 산성화될 때 오는 다양한 증상, 즉 피로를 쉽게 느끼거나 면역력이 떨어진 사람에게 좋다. 쑥갓과 궁합이 잘 맞는 음식으로 두부도 빼놓을 수 없다. 미네랄이 풍부한 쑥갓은, 필수아미노산이 풍부한 두부와 만나 성인병 예방에 효과를 보이기 때문이다. 또 참기름은 쑥갓의 영양분을 잘 흡수할 수 있게 도우니 모르고 먹는 것보다 알고 먹는 것이 더 좋지 아니한가.

입맛을 돋우는, 씀바귀

씀바귀는 쓴맛으로 오행체질 분류법에서는 화火로 심·소장을 이롭게 하는 산야초이다.

이용기가 쓴 조선의 요리책인 『조선무쌍신식요리제법』에서는 "쓴 것이 입에는 쓰나 비위에 역한 법은 없다.

사람이 오미五味 중에는 쓴 것을 덜 먹으나 속에는 대단히 좋으므로 약재로 쓰면 유익하다."라고 하였다.

오이, 당근, 양파, 시금치, 취나물, 참나물 등 우리 식탁에 자주 오르내리는 채소가 있나 하면, 평소 잘 생각나지 않는 채소도 있다. 누구나 알고 있으나 손이 자주 가지 않는, 씀바귀가 그런 채소가 아닐까? 재미난 것이 씀바귀는 그 이름에서도 쓴맛을 느낄 수 있는데, 쌉쌀한 맛 때문에 쓴맛이 강렬하게 기억에 남는 채소다. 그 맛 때문인지 쓴나물, 싸랑부리, 쓴귀물 등 다양한 이름으로 불리기도 한다. 씀바귀는 뿌리와 잎이 모두 식재료로 활용되는 채소로 보통 이른 봄에 채취한 뿌리와 어린순을 나물로 먹는다.

입에 쓴맛이 몸에는 좋다고들 말한다. 씀바귀가 그 대표적인 채소일 것이다. 쓴맛을 내는 주성분인 이눌린에는 항암 효과가 있으며, 콜레스테롤이 쌓이는 것을 막아 주기에 성인병 예방에 좋다. 섬유질이 풍부하고 칼륨, 칼슘, 비타민C, 당질이 풍부해 위장 건강을 지키는 데 도움이 되는 고마운 채소다. 또 시나로사이드 성분이 몸속의 활성 산소를 제거하기 때문에 노화 방지 효과도 있다.

매운 음식은 입을 벌려 열을 위로 발산하지만, 쓴 음식은 자꾸 침

씀바귀 숙주겨자무침

씀바귀나물 200g, 소금 약간, 도토리묵가루 약간, 숙주나물 200g, 홍피망 1/4개, 오이 1/3개, 겨자소스(겨자 2큰술, 식초 2큰술, 원당 2큰술, 자염(소금) 약간), 통깨

1. 씀바귀는 잔털을 떼고 끓는 물에 소금을 넣고 살짝 데쳐 찬물에 헹구어 적당한 길이로 잘라 주세요.
2. 1에 자염을 살짝 뿌려 도토리가루를 묻혀 김이 오른 찜통에 넣고 넓게 펴서 찐 다음 식혀 주세요.
3. 숙주는 끓는 물에 소금을 넣어 아삭하게 삶아 주세요. 피망은 채 썰고 오이는 납작하게 썰어 주세요.
4. 겨자에 설탕, 식초, 통깨를 넣어 새콤달콤한 겨자소스를 만들어 주세요.
5. 그릇에 2와 3, 4를 넣고 무쳐 주세요.

을 삼키게 하는 법이다. 봄에 씀바귀를 많이 먹으면 여름에 더위를 먹지 않는다고 한다. 소화 기능을 돕고, 열을 풀어 심신을 안정시키며, 해열과 건위, 폐렴, 간염, 종기의 치료제로 사용되는 고마운 씀바귀. 물론 그 맛 또한 입에서 뱉어 내는 쓴 맛이 아니라 쌉쌀하니 입맛을 돋우는 봄나물로 좋아하는 사람들이 많다. 단맛과 짠맛, 매운맛에 익숙해진 현대인들에게 이 고마운 쓴맛을 소개하고 싶다.

채소의 왕, 아욱

음식을 즐겁게 먹는다는 것은 과연 무엇일까? 그것은 건강한 음식을 먹는 것과 무관하지 않을 것이다. 조선시대에 부녀자가 알아야 할 사항들을 기록해 놓은 지침서인 『부녀필지婦女必知』에는 "밥 먹기는 봄같이 하고, 국 먹기는 여름같이 하며, 장 먹기는 가을같이 하고, 술 먹기는 겨울같이 하라." 했다. 밥은 따뜻한 것이 좋고, 국은 뜨거운 것이 좋으며, 장은 서늘한 것, 술은 찬 것이 좋음을 의미한다.

아욱은 특히 서리 내리기 전에 유난히 좋은 맛을 낸다. 예부터 '도미 대가리와 가을 아욱국은 마누라를 내쫓고 먹는다'고 했으니, 제철의 아욱이 드러내는 맛이란 참으로 오래되고 친근한 맛이다. 아욱에 된장이나 고추장을 풀고 끓인 아욱죽은 소화력이 떨어진 이에게 별식이자 건강 음식이고, 살짝 데쳐서 갖은 양념으로 무친 아욱무침은 식탁 위에서 별미 역할을 톡톡히 한다. 토장국에 끓인 아욱국은 맛과 영양의 균형이 잡혀 건강식으로 아주 좋은 식품이다.

아욱은 영양가 높기로 유명한 시금치보다 단백질과 칼슘이 두 배나 많고, 지방은 세 배 풍부하며, 각종 비타민까지 함유한 소중한 채소다. 특히 발육기에 있는 어린이들이 많이 먹으면 좋은데, 옛사람들이 '채소의 왕'이라 불렀을 정도다.

재미나게도 된장국은 아침에 끓여 먹고 점심에 다시 데우면 더 깊은 맛을 낸다. 이는 된장, 간장, 고추장을 빼놓을 수 없는 우리 식문화에서 느낄 수 있는 깊이일 것이다. 아욱으로 국을 끓여 한 끼는

아욱국 통밀가루 수제비

아욱, 양념장(전통된장 2큰술, 고추장 1/2큰술, 생들기름 1큰술), 채수, 굵은소금, 통밀가루, 찐 단호박, 자염

❶ 아욱은 질긴 껍질을 벗기고 굵은 소금을 뿌려 박박 치대어 푸른 물을 빼고 찬물에 헹궜다 건져 주세요. (그냥 사용해도 돼요.)

❷ 된장과 고추장을 잘 섞은 후 생들기름을 더해 모두 스밀 때까지 충분히 잘 으깨가며 섞어 주세요. (미리 양념을 섞은 후 국에 넣어야 국을 끓였을 때 기름이 겉돌지 않고 맛이 부드러워요.)

❸ 냄비에 채수를 붓고 2를 풀어 주세요.
(혹시 양념이 겉돌면 쌀가루나 들깨가루를 물에 풀어 국물에 조금만 넣어 주세요.)

❹ 아욱은 채수가 끓기 전에 넣어 주세요. 은근한 불에서 아욱이 누르스름해질 때까지 충분히 끓여야 제맛이 나요.

❺ 수제비 반죽을 통밀가루, 찐 단호박, 자염을 넣고 쫀득하게 반죽을 해서 비닐봉지에 넣어 냉장고에 한 시간 정도 숙성을 시켜 주세요.

❻ 냉장고에서 꺼낸 반죽에 찬물을 부었다가 물만 따라 낸 다음 4에다 수제비를 떠 넣어 주세요. 수제비가 위로 떠오르면 다 끓여진 거예요.

Tip.

- 수제비나 칼국수에 호박을 썰어 넣으면 밀가루의 뭉치는 성질을 풀어 주어 몸이 붓지 않아요.
- 모시조개나 마른새우를 함께 넣을 때는 채수가 끓은 후에 아욱을 넣어도 무방하지만, 다른 재료를 넣지 않을 때는 반드시 채수가 끓기 전에 아욱을 넣어야 풋내가 나지 않아요.

국으로 먹고, 한 끼는 수제비를 떠 먹는 것도 별미다. 건강에도 좋고 맛도 좋은 아욱국 통밀가루 수제비 끓이는 방법을 적어 둔다.

공해물질을 정화해 주는, 은행

은행은 오행체질 분류법에서는 화火로 심·소장을 이롭게 하는 식품이다.

은행은 나무를 심어 열매를 맺기까지 수십 년의 시간이 걸린다. 할아버지가 심고 손자가 열매를 따먹는다고 하여 '공손수公孫樹'라고 부른다. 은행나무를 가리켜 선비나 군자의 기상을 닮았다고 표현하고, 풍성한 열매에 인재를 비유하기도 한다. 그래서일까? 향교에는 은행나무가 많다.

우리나라는 공원수와 가로수로 은행나무가 많이 심어져 있다. 이는 은행나무가 각종 공해물질을 정화하는 능력이 있기 때문이다. 가을 길가에 떨어진 은행나무의 열매는 지독한 악취로 인해 사람들에게 환영받지 못한다. 나 역시 은행나무 열매가 떨어진 길을 걷다 보면 인상을 찌푸릴 때가 있다. 차바퀴에, 사람의 발길에 밟혀 짓이겨진 모양새가 보기 좋지 않을뿐더러 코를 찌르는 악취 또한 심하기 때문이다. 그러나 한편으로는 귀중한 은행이 이런 취급을 받는다는 것이 슬프기도 하고 열매를 보며 인상 찌푸린 나를 반성하게 된다. 자연의 모든 것들은 처음 본연의 모습으로 존재할 뿐인 것을 누가 좋고 싫음을 판단할 수 있겠는가.

은행은 오랜 옛날부터 경사 음식이나 제사 음식에 이용됐다. 은

은행경단

은행 1/2컵, 찹쌀가루 2컵, 잣가루 또는 호두가루 1컵, 자염(소금) 약간

❶ 은행은 믹서에 물을 약간 넣고 곱게 갈아 주세요.
❷ 찹쌀가루에 1의 은행을 넣고 반죽해 경단을 만들어 주세요.
❸ 끓는 물에 자염을 조금 넣고 경단을 넣어 주세요. 경단이 위로 동동 떠오르면 재빨리 건져 흐르는 물에 헹구어 건져 물기를 빼 주세요.
❹ 둥근 접시에 잣가루(팥고물 또는 콩고물)를 펼쳐 놓고 하나씩 떨어뜨려 접시째 흔들어 고물을 고루 묻혀 주세요.

행단자나 은행정과 같은 고급음식을 비롯해 신선로에도 빠지지 않았다.

은행은 단백질이 풍부하고 신경조직의 모태가 되는 필수아미노산이 많아 수험생의 두뇌를 건강하게 한다. 뼈 조직을 강화하는 데도 효능이 있어, 성인의 경우 하루 5~6알, 어린아이는 2~3알 먹으면 좋다. 『본초강목』에서는 은행을 익혀서 먹으면 폐기를 튼튼하게 하고, 기침 천식을 멈추게 하며, 소변을 축적시키고, 냉을 멈추게 한다고 기록하고 있다. 여성들의 체력 저하로 인한 대하병에는 연자육과 찹쌀을 배합하면 효과가 있다. 은행에는 독도 있어 중독을 일으킬 수 있는데, 볶는 조리법을 사용하면 독이 감소하지만 처음 먹

을 때는 많이 먹지 않는 것이 좋다.

고종이 사랑한 음료, 커피

"악마같이 검고, 지옥처럼 뜨겁고, 천사같이 아름답고, 사탕처럼 달콤하다." - 18세기 프랑스 외교관 탈레랑(Talleyrand, 1754~1838)

지금은 우리의 생활에서 커피를 떼놓기란 쉽지 않다. 일을 위해서, 여가를 위해서, 만남을 위해서, 그리고 개인의 취향으로 커피는 생활 깊숙이 들어와 있다.

우리나라에 커피가 처음 소개된 것은 1875년 명성황후가 시해된 을미사변 때다. 러시아공사관으로 피신한 고종 황제가 마신 커피가 우리나라에 처음 알려진 그것이다. 고종은 경운궁으로 돌아온 뒤에도 커피를 즐겨 마셨는데, 경운궁 안에 서양식 건물인 정관헌을 짓고 그곳에서 음악을 들으며 커피를 마셨다고 전해진다. 그 후 독일의 손탁이 정동에 커피점을 차린 것이 효시가 되었다.

커피는 한 가지 원두로 만든 스트레이트 커피와, 두 가지 이상의 원두를 배합한 브랜드 커피로 나눌 수 있다. 우유의 부드러움을 느낄 수 있는 카페오레, 계피향이 매력적인 카푸치노 등 개개인의 기분과 취향에 따라 특별한 커피를 만날 수 있다는 점에서 폭넓은 사랑을 받는 것이 아닐까?

커피는 뇌 속의 혈관을 팽창해 혈액순환을 좋게 하는 효능이 있다. 뇌의 피로 독소가 일부 제거되는 효과가 있고, 심장을 자극하기 때문에 심장 박동을 빠르게 만든다. 근육의 컨디션도 순간적으로 좋게 만드는데, 장의 활동을 촉진하고 배변을 원활하게 하는 효과도 있어 피로감을 느낄 때 커피가 더욱 생각난다. 하지만 잘 알려진 것처럼 커피에는 카페인 성분이 들어 있어 불면증을 초래하기 때문에 과잉 섭취는 도움이 되지 않는다.

악마같이 검고, 지옥처럼 뜨겁고, 천사같이 아름답고, 사탕처럼 달콤하다는 프랑스 외교관의 말처럼, 커피는 한 번 그 매력에 빠지면 헤어 나오기 쉽지 않은 식품이다. 개인의 취향에 따라 다양하게 섭취할 수 있는데, 커피에 소금을 한 꼬집 넣어 보자. 그 향을 더욱 풍부하게 만드는 효과가 있다. 또 감기에 걸렸을 때나 호흡기가 약한 사람의 경우, 커피에 생강차를 배합해 마시면 각별한 맛과 효과를 얻을 수 있다.

베타카로틴의 보고, 케일

케일은 오행체질 분류법에서는 화火로 심·소장을 이롭게 하는 식품이다.

도톰한 두께, 짙은 녹색의 널따란 잎사귀가 특징인 케일. 이 특유의 짙은 녹색은 태양 빛을 듬뿍 받아 생긴 엽록소 때문에 발한다. 이 엽록소는 우리 몸에 들어와서 혈액에 산소를 공급하는 헤모글로빈으로 변하는데, 이는 건강한 피를 생성해 준다. 그래서 케일, 미나리, 시금치 등의 녹황색 채소를 많이 먹으면 장내에 독소가 생성되는 것을 억제하고, 신선한 산소와 영양이 각 세포에 공급되기 때문에 장기의 기능도 향상된다.

케일에는 비타민A와 C 그리고 칼슘이 풍부하다. 또한 우수한 단백질이 들어 있어, 서양에서는 채소가 적은 겨울에 비타민을 보충하기 위한 용도로 많이 이용한다. 내한성을 가지고 있어 신선한 채소를 먹을 수 없는 겨울에도 녹색 그대로 수확할 수 있기 때문이다.

케일을 이야기할 때 베타카로틴을 빼놓을 수 없다. 케일은 베타카로틴이 풍부하다는 당근보다 3배 많은 양을 함유하고 있다. 게다가 비타민A는 시금치의 7배에 달한다. 식이섬유 함량은 녹색채소 가운데 최고를 자랑하며, 칼슘 함량도 100g당 320㎎으로 우유보다 많이 함유되어 있다. 보통 골다공증 환자에게 케일을 권하는데 그 이유도 풍부한 칼슘과 비타민에 있다. 이런 케일의 영양소를 그대로 섭취하기 위해서는 생잎으로 먹거나 주스로 마시는 것이 좋다. 물론 케일로 녹즙을 만들어 마실 때 주의할 점이 있는데, 속 쓰림을 느낄 수 있으므로 공복에 마시는 것을 피하고, 신장 질환을 앓고 있는 사람은 섭취하지 않는 것이 좋다.

케일의 영양소를 그대로 흡수할 수 있는 활용법에는 무엇이 있을까? 가장 효과적인 건 역시 케일주스인데, 비타민C의 손실을 막기 위해서 레몬을 활용한다. 레몬을 함께 넣으면 녹황색 채소의 풋내까지 없애 주니 일석이조다. 잘 숙성된 바나나와의 궁합도 좋다. 바나나를 넣으면 단맛도 있고 풋내를 잡아 줘 건강한 케일주스를 마실 수 있다. 케일을 이용해 주전부리용 칩 만드는 법을 소개해 본다.

달콤한 케일칩

케일 5장, 소스

소스 : 코코넛오일 1큰술, 아가베시럽 4큰술, 코코넛미트 4큰술

❶ 케일은 깨끗이 손질해서 줄기 부분을 제거하고 한 입 크기로 잘라 주세요.
❷ 소스 재료를 혼합해 주세요.
❸ 큰 볼에 케일과 소스를 넣고 잘 버무려 주세요.
❹ 건조기 트레이에 테프론시트를 깔고 버무린 케일잎을 겹치지 않게 펼쳐 주세요.
❺ 45도에서 7~8시간 건조하세요.(중간에 한 번 뒤집어 주세요.)

매콤한 케일칩

케일 5장, 소스

소스 : 해바라기씨 반 컵, 파프리카 1/4컵, 샐러리 1줄기, 참깨 1큰술, 레몬즙 1큰술, 마늘 1/2작은술, 고춧가루 1/4작은술, 소금 1/2작은술, 물 1/3컵, 뉴트리셔널 이스트 2작은술

❶ 케일은 깨끗이 손질해 줄기를 제거하고 한 입 크기로 잘라 주세요.
❷ 분량의 소스 재료를 혼합해 푸드프로세서로 곱게 갈아 주세요.
❸ 큰 볼에 손질한 케일과 소스를 버무려 주세요.
❹ 건조기에 테프론시트를 깔고 45도에서 6~7시간 건조해 주세요.

Tip. - 해바라기씨는 6시간 정도 불려서 사용하면 좋아요.
- 효소를 살리기 위해 건조 온도는 반드시 45도 이하로 설정해야 해요.

3장

토土형 체질

비장과 위장에 좋은
푸드 테라피

토土형 체질

<table>
<tr><td rowspan="4"></td><td>큰 장부</td><td>비장, 위장</td><td colspan="2">단맛, 노란색</td></tr>
<tr><td>작은 장부</td><td>신장, 방광, 간장, 담낭</td><td colspan="2">신맛, 쓴맛, 녹색, 붉은색</td></tr>
<tr><td>체형</td><td>키가 작고 통통하다.</td><td>방향</td><td>중앙</td></tr>
<tr><td>얼굴형</td><td>동그란 얼굴</td><td>수</td><td>5, 10</td></tr>
<tr><td>相克</td><td colspan="2">土生金　土克水</td><td>계절</td><td>長夏</td></tr>
<tr><td>강한 형</td><td colspan="2">土金形</td><td>약한 형</td><td>水木形</td></tr>
</table>

<table>
<tr><td rowspan="8">영양
식품</td><td>맛</td><td>단맛, 향내와 흙내 나는 맛</td><td rowspan="8">두통
편두통 : 木(담)
전두통(앞이마) : 土
정두통(머리의 상단 중앙) : 水(신장)
후두통(뒷목이 위로 치미는 듯한 통증): 水(방광)
미릉골통(양 눈썹을 연결하는 능선) : 相火</td></tr>
<tr><td>곡식</td><td>기장</td></tr>
<tr><td>과일</td><td>참외, 호박, 감, 대추</td></tr>
<tr><td>근과</td><td>고구마, 감초, 칡, 연근</td></tr>
<tr><td>야채</td><td>미나리, 인삼, 시금치,
고구마줄기</td></tr>
<tr><td>육류</td><td>쇠고기, 위장, 지라, 토끼</td></tr>
<tr><td>조미</td><td>원당(마스코바도), 꿀,
조청, 엿기름</td></tr>
<tr><td>차, 음료</td><td>우유, 인삼차, 식혜,
두충차, 대추차</td></tr>
</table>

<table>
<tr><td>비장과 위장의 지배 부위</td><td colspan="3">슬관절(무릎), 대퇴부, 입, 입술, 유방</td></tr>
<tr><td>비장과 위장이 약한 시간</td><td colspan="3">낮(11:00~14:00)</td></tr>
<tr><td>변의 모양</td><td colspan="3">물에 뜬다. (위장에 이상)</td></tr>
<tr><td>소질</td><td>농업, 요식업, 생산자</td><td>궁합</td><td>남자 : 水形 여자
여자 : 木形 남자</td></tr>
<tr><td>설득 방법</td><td>이치에 맞게 설명해야 응함.</td><td>습관</td><td>비판적이고
슬프게 말함.</td></tr>
</table>

토土형(비·위장)의 특징*

토형인은 비장과 위장이 발달된 체질이다. 얼굴형은 동그란 원형으로, 원만하고 단단하게 융합하는 가색(稼穡; 농작물을 파종하고 수확하는 농사일)의 기운을 가지고 있다. 토형인의 특징은 안색이 노랗고 얼굴이 둥글고 머리가 크다. 어깨와 등이 예쁘고 배가 나오며 다리와 정강이가 잘 생겼다. 손발이 작고 상하가 균형을 이룬다. 걷는 자세가 안정되어 있으며 모든 일에 있어서 믿음을 준다.

토土형(비·위장)의 본래 성격

남을 위한 것을 즐기며 권세를 탐하지 않고 사람과 쉽게 사귄다. 성격은 정확하고, 솔직하여 거짓말을 할 줄 모르고 하나밖에 모르는 일편단심이다. 배운대로만 하고, 융통성이 없고 신용과 고지식함을 지녀서 단단하고, 굳고, 완고하고, 외곬수이며 성실하고 진실하다. 화합하고 결합하여 통일하고, 응집하는 기운이 강하고 다부진 느낌이 있다. 남을 잘 도와주며 남의 말을 귀담아 들을 줄 알고

* 김춘식. 『오행색식요법』, 청홍. 2018.

환경을 안정되고 조화롭게 만든다. 평화 에너지와 절제력이 있다. '안정'을 원할 때 동기부여를 받고 행동한다. 생각을 단순화해서 행동으로 옮기고 복잡한 것을 싫어하며 얌전하다. 언행일치를 이루며 믿음을 준다. 변화보다는 안정을 추구하고 실속을 중요시 한다.

토土형(비·위장)의 병든 성격

토土의 기운이 약하거나 넘치게 되면 공상, 망상하고 호언장담과 거짓말을 한다. 또 쓸데없는 생각을 하고 의심하여 의부·의처증이 생기면서 미련하고 게을러진다. 또한 반복해서 말을 하고 행동하며 확인하고 또 확인하면서 거추장스럽고 부담스럽게 처신한다. 습기를 싫어하기도 한다.

토土형(비·위장)이 병이 들었을 때의 육체적 증상

비장은 상승, 운화運化 통혈을 주관한다. 또한 입을 열게 하는 기운으로 식욕과 관련되며, 기육인 살과 사지를 주관한다. 이 때문에 비장에 문제가 발생되면 살이 급속도로 불어나게 되고 사지의 기운이 쭉 빠져 몸이 나른하게 되며 내부에 열이 차기 쉽고, 혀를 움직이기 어렵고 구토, 설사, 복통, 트림과 불면증이 있다. 비장과 위장의 장상학을 설명하면 비장, 췌장, 위장, 입, 입술, 유방 배통, 무릎(슬관절), 대퇴부(허벅지), 기육(살)과 관련되어 소화장애, 위장 천공, 속쓰림(도포증), 위궤양, 위무력, 위하수, 위출혈(흑변), 입과 입술 이상(구내염, 구순염, 구각염, 입의 균형이 깨짐)이 생긴다. 또, 구안와사, 구취(산과다), 발1지(무지외반증), 발2지에 이상, 무릎 이상(슬냉), 비만증,

살이 몹시 아픔, 온몸에 멍, 발뒤꿈치가 갈라지고, 눕기를 좋아한다. 거기에다 하치통, 와들와들 떨리는 수전증, 이마가 검고, 유방 이상(유선염, 유방 종양), 췌장성 당뇨병(저혈당, 고혈당), 개기름이 흐르고(유분), 코끝이 빨갛고(비첨), 음식 맛을 모르는 대식가, 백혈구 이상(백혈병), 잦은 트림, B형 간염(지방간), 안검순동(눈 떨린증) 등의 증상을 수반한다.

푸드 테라피

토土형인들의 얼굴 형상은 둥근 원 모양으로 성품이 원만하며 원의 모양처럼 중립적이다. 신체 중 발달 장부는 비장과 위장이다. 반대로 오행 상극도에 따른 토형인의 약한 장부는 토극수하여 신장, 방광과 목극토 되지 못하여 간이나 담이 약하게 될 수 있다. 신장과 방광에 이로움을 줄 수 있는 좋은 음식에는 짠맛, 찌린 맛의 전통음식(간장, 된장, 고추장, 장아찌, 짠지 등)과 해조류(미역, 다시마, 김, 함초), 천일염, 죽염 등이 도움이 된다. 색으로는 검정색 음식으로 오골계, 해삼, 자라, 가물치, 표고버섯, 목이버섯, 검정깨, 김, 미역, 다시마, 흑미, 흑대추, 수박씨 번데기, 메밀, 올방개, 가지, 오디, 게, 미꾸라지, 고동, 해바라기씨, 흑마늘, 서목태, 서리태, 용안육 등이 이로움을 준다.

간과 담에 이로움을 주는 것은 고소한 맛(견과류), 신맛(식초, 홍초, 발사믹식초, 삭힌 홍어, 묵은지, 신김치, 신동치미)과 푸른색 음식인 미나리, 샐러리, 청경채, 부추, 시금치, 냉이 고수, 현채, 피망, 녹두, 완두콩, 동부, 매실, 녹즙, 등푸른생선(고등어, 청어, 꽁치 등) 등이 있다.

성스러운 열매, 감

감은 오행체질 분류법에서는 단맛으로 토土로 비·위를 이롭게 하는 과일이다.

우리 민족은 예로부터 조상을 극진히 섬겨왔다. 명절 차례상이나 제삿상에는 여러 가지 음식을 놓는데 가문과 지역별로 음식의 종류와 진열순서에 차이가 있다. '타인지연他人之宴에 왈리왈률曰梨曰栗'. '남의 집 큰일에는 간섭하지 말라'는 속담이 있기도 하다. 이렇듯 가문과 지역별 차이에도 불구하고 공통적으로 적용되는 것이 바로 '조율이시棗栗梨柿'다. 이것도 '조율시이棗栗柿梨'의 순서로 하는 지역이나 가문이 있기도 하다. 이렇듯 감이 반드시 제사상에 올라가는 이유는 '감(시, 柿)'이 독특한 성질을 가지고 있기 때문이다.

흔히들 '콩 심은 데 콩 나고, 팥 심은 데 팥이 난다'고 하는데, 감씨를 심으면 감이 열리지 않고 고염이 열린다. 그래서 고염나무에 감나무를 접붙여서 감나무로 키운다. 이는 근친혼近親婚을 금하고 이성지합異姓之合을 하라는 엄한 가르침인 것이다. 유전학적으로 근친혼에서는 열성인자劣性因子가 태어난다는 검증도 있으니 얼마나 지혜로운 교훈인가?

또 하나의 의미는 자기 자식은 본인이 가르치려 하지 말고 다른 선생님에게 보내어 교육을 시키라는 의미다. 자식들은 부모나 조부모와 함께 생활하면서 그들의 모든 것을 보게 된다. 그러니 아무리 훌륭한 부모라도 인간적인 결점이 보이니 훌륭해 보이지 않을 수 있다. 밖에서 대하는 선생님은 항상 의관이 바르고 근엄한 모습의

Raw 들깨 감말랭이

생들깨 2컵, 생감(떫은감) 10개, 건조기

❶ 생들깨를 깨끗이 세척해서 건조해 주세요.
❷ 생감(떫은감) 0.5㎝로 둥글게 썰어 주세요.
(감이 크면 반달 모양으로 썰어 주세요.)
❸ 건조기에 테프론시트를 깐 후 2에 생들깨를 묻혀 꾹꾹 누른 후 8시간 이상 건조해 주세요.
(건조는 기호에 따라 시간 조절을 하시면 돼요.)
(건조기 온도는 45℃ 이하로 설정해 주세요.)

좋은 면만 보인다. 이러하여 내 가정에서 깨치지 못한 지혜를 얻어 훌륭한 사람이 되라는 뜻인 것이다.

고염나무에 감을 접붙여서 훌륭한 감을 얻는 것과 같은 뜻이 아니겠는가?

조선의 향약과 한방에 관한 책인 『향약집성방鄕藥集成方』에서 다음과 같은 기록을 찾아볼 수 있다.

"수명은 길고, 녹음은 짙고, 새가 집을 짓지 않으며, 벌레가 꼬이지 않고, 단풍은 아름답고, 열매가 좋고, 낙엽은 거름이 된다."

일곱 가지 덕을 갖췄다고 예찬 받는 이 나무는 바로 감나무다. 감나무는 성스러운 열매가 달리는 나무라 해서 신성시 여겨지곤 했다. 그 열매인 감은 우리나라에서는 예부터 겨울철 전통 간식으로 사랑받았고 다양한 요리의 재료로 쓰였다. 백 년 된 감나무에는 천 개의 감이 열린다고 했는데, 그래서일까? 감나무 고목은 자손의 번창과 아들을 기원하는 기도목으로 신앙의 대상이 되기도 했다.

감은 위궤양이나 순환기계 환자 혹은 고혈압이 있는 사람이 먹으면 좋은데, 지혈 효과도 있는 것으로 알려져 있다. 다만 임산부에게는 권하지 않는다. 또한 감에서 나는 떫은맛은 타닌tannin에 의한 것인데 수렴작용이 있어 설사를 멎게 하는 효과가 있기에 변비가 있는 사람은 먹지 말아야 한다. 타닌은 철분과 결합하면 빈혈을 유발하기에 저혈압인 사람도 먹지 않는 것이 좋다. 감을 많이 먹으면 몸이 냉해진다는 말도 있는데, 다만 곶감은 그럴 염려가 없고 체력을 보강하는 효과가 뛰어난 것으로 알려져 있다.

감의 꼭지나 곶감의 꼭지를 '시체柿蒂'라고 부르는데, 달여 마시면 딸꾹질을 멎게 하는 데 특효이다. 또 곶감을 술에 담근 '시침柿浸'은 목의 갈증을 멎게 한다. 생선 자반의 짠맛을 뺄 때 마른 감잎을 함께 물에 담그면 짠맛이 잘 빠져나간다. 열매는 물론 잎까지 허투루 버릴 것이 없다. 지금도 나이 지긋한 어르신들은 곶감을 즐겨 찾는데, 설탕이 없던 시절 요긴한 감미료로 쓰이기도 했다. 특히 가루는 극히 귀해 곶감의 하얀 가루(분)만 모아 궁궐에 진상품으로 받쳤다는 기록이 남아 있을 정도다.

조리는 과학이고 요리는 예술이라고 했다. 예부터 각각의 식품 성질을 이용해 새로운 메뉴를 개발해 왔다. 생채식Raw food은 열을 가하되 효소가 파괴되지 않는 범위에서 온도를 활용한다. 여기에서 착안해 땡감을 건조해 곶감을 만드는 원리로 감말랭이를 만들 수 있다. 필요한 재료는 땡감과 생들깨다. 자연에서 준 감과 들깨를 이용해 천연 간식거리인 들깨 감말랭이 만드는 방법을 소개한다.

내가 바로 약방의 주인공, 감초

"약방의 감초"

혹자는 주인공이 아니면서 여기저기 끼어들기를 잘 하고 어디에나 나타나는 가벼운 약초로 말할지 모르지만, 그 어디에서나 어울리고 다른 약초의 효능을 돕는 감초는 언제 어디서나 꼭 필요한 존재라는 생각이 든다. 약방의 감초 같은 사람이 얼마나 귀한지 우리는 살아가면서 느끼고 있으리라.

『본초강목』에는 다음과 같이 기록되어 있다. "어린이 태독을 제거하고 경기를 치료하며 화를 내리고 통증을 완화한다."

감초는 단맛을 지닌 약초다. 비장을 튼튼하게 하고 기운을 북돋우며 폐를 윤택하게 만들어 기침을 멈추게 한다. 또 청열 해독작용이 있다. 여러 가지 약을 조화시키는 작용이 뛰어나 한약재에 쓰임이 많다. 비위가 허약해 식욕이 부진하고, 변이 묽으며, 위 십이지장 궤양을 앓고 있는 사람들에게 적합하다. 심장의 기가 부족해 가슴의 두근거림을 느끼거나 무서움을 느끼는 신경쇠약 환자에게도 효과가 있다. 감초가 내는 단맛은 습한 것을 완화하고 통증을 완화해 열독창양이나 인후종통, 약식 중독에 효과가 있으며, 부자나 대황에서 나오는 독성을 중화시키는 효능도 있다.

감초는 생감초와 구감초로 구별한다. 구감초는 허약한 증상을 보하는 작용이 강하고, 생감초는 해독작용이 강하다. 다만 감초를 장복하면 부종이 일어나고 사지가 무력해진다. 경련이나 마비감, 두통 등의 부작용도 있기에 약재로 사용할 때는 반드시 전문가의 처방을 받는 것이 좋다. 현대 연구에서 감초는 위, 십이지장궤양, 전염성간염, 에디슨병, 요붕증, 천식, 혈소판 감소증, 선천성 근강직증, 혈전성 정맥염 등의 증상에 효과가 있다고 밝혀졌다. 감초를 국로國老, 미초美草, 밀감蜜甘, 밀초蜜草, 영통靈通, 첨초甛草, 로초蕗草와 같은 이름으로 불리니, 그 쓰임이 얼마나 다양하고 넓게 이루어져 왔는지 알 수 있다.

암을 예방하는, 고구마

고구마는 단맛으로 오행 분류법에서는 토土로 비·위장을 이롭게 하는 식품이다.

고구마잎을 보면 그 모습이 심장 모양인 하트 모양이다. 색과 모양으로 고구마는 심장에 도움을 주는 성분(정혈, 조혈 등)이 있다. 고구마는 농약이나 비료가 없어도 잘 자라는 무공해식품으로 체력을 강화하고 위장을 튼튼하게 해 준다.

고구마에 함유된 비타민B1은 당질의 분해를 도와 피로회복에 좋다. 카로틴은 특히 눈에 좋은 영양소인데, 고구마를 꾸준히 먹으면 야맹증을 치료하고 시력도 회복할 수 있다고 한다. 고구마의 애칭은 '변비의 해결사'인데, 풍부한 식물성섬유질이 대장운동을 활발하게 하고 장 속에 이로운 물질을 늘려 배설을 촉진하기 때문이다.

특히 생고구마에서 나오는 얄라핀jalapin은 변비의 치료에 효과가 크다. 또한 고구마에 있는 섬유소는 비만, 지방간, 대장암 등을 예방한다.

고구마는 다이어트를 하는 사람에게 효과적인 식품이다. 식이섬유가 풍부해 변비를 풀어 주고, 고구마에 함유된 비타민C는 열을 가해도 70~80%가 남아 우리 몸에 필요한 비타민C를 공급한다. 담배를 많이 피우는 사람은 고구마를 많이 먹는 것이 좋다. 고구마에 풍부한 베타카로틴과 비타민C가 항암, 항산화작용을 하여 폐암肺癌 발병 확률을 절반 이하로 낮춰 주기 때문이다. 담배 한 개비를 피우면 비타민C가 25㎎씩 소모되는데, 고구마 100g에는 비타민C가 25㎎ 들어 있다.

고구마에서 절대 뺄 수 없는 한 가지는 바로 암癌세포의 증식을 억제하는 베타카로틴β-carotene이다. 고구마 속이 진한 황색을 띨수록 베타카로틴 함량이 더 높다. 고구마에 함유된 칼륨 성분은 혈액에서 여분의 염분을 소변과 함께 배출시키므로 고혈압을 비롯한 성인병 예방에도 좋다. 비타민 B군과 C의 함유량은 뿌리채소 중에서 단연 으뜸이니, 그저 배고픈 시절 구황작물로 사용한 것이 아니라 사람의 건강을 책임지고 있던 것이 아닐까.

또 한 가지 눈여겨볼 것이 고구마에 들은 아밀라아제allylrase라는 전분 성분이다. 아밀라아제는 60℃부터 단맛으로 변하기 때문에 단맛을 내기 위해서는 열을 충분히 가해서 쪄야 한다. 이때 다시마 한 쪽을 넣게 되면 빨리 쪄진다.

흔히 고구마를 찌거나, 굽거나, 요리에 쓸 때 껍질을 벗기는 경우

고구마 향병

고구마 500g, 찹쌀가루 1컵, 호두(잣)가루 2큰술, 식용유, 꿀 적당량

1. 고구마는 껍질을 벗기고 0.5cm 두께로 썰어 주세요.
2. 김이 오른 찜통에 고구마를 넣고 5분 정도 쪄서 식혀 주세요.
3. 2를 꿀에 약20분 정도 재워 주세요.
4. 꿀에 재운 고구마를 찹쌀가루에 묻혀 달군 팬에 기름을 두르고 앞뒤로 노릇하게 부쳐 주세요.
5. 4를 잣가루를 묻혀 그릇에 예쁘게 담아 주세요.

가 많은데, 사실 껍질째 함께 먹는 것이 좋다. 껍질에 함유된 미네랄은 당분의 이상발효를 억제하기 때문에 껍질째 먹으면 먹은 후에 속이 쓰리지 않는다. 고구마 생즙은 발암물질인 스트론튬의 발생과 흡수를 막아 주기 때문에 우리 몸을 보호해 주는 역할을 한다. 한겨울 따뜻한 고구마에 김치를 얹어 먹으면 맛도 맛이지만 고구마의 질 좋은 섬유질과 칼륨이 김치 안에 있는 나트륨 성분을 배설해 주기 때문에 더욱 좋다.

비·위의 보약, 기장

기장은 오행체질 분류법에서 토土로 비·위에 이로움을 주는 곡식이다.

기장단호박떡

기장 1컵, 단호박 1/4개, 생수 1.5컵, 자염 반 작은술

❶ 기장을 깨끗이 씻어 자염을 약간 넣고 밥을 지어 주세요. 단호박은 얇게 썰어 자염을 살짝 뿌려 주세요.
❷ 기장 밥을 하다가 뜸을 들일 때 단호박을 넣고 쪄 주세요.
❸ 호박이 익으면 가볍게 섞은 후 틀에 넣어 식혔다가 잘라 주세요.
❹ 꿀에 재운 고구마를 찹쌀가루에 묻혀 달군 팬에 기름을 두르고 앞뒤로 노릇하게 부쳐 주세요.
❺ 팬을 달군 후 기름을 두르고 3을 고소하게 양면을 구워 주세요.

tip - 기장밥을 지을 때 소금을 넣으면 기장의 떫은 맛을 없애줌.
- 찐 다음에 그대로 먹어도 good!
- 그대로 먹으면 간식처럼 먹을 수 있고, 간장을 찍어 먹으면 밥반찬이 된다.

아주 작고 노란 알갱이의 모양새를 한 기장은 예부터 오곡밥에 꼭 들어가는 곡식이다. 기장에는 단백질, 지질, 비타민A가 많이 들어 있다. 메기장은 정백해 쌀, 조, 피 등과 섞어서 밥이나 죽을 해 먹고, 차기장은 쪄서 떡, 엿, 술의 원료로 사용하기도 하고 새나 가축의 사료로도 쓰인다. 또한 그 줄기는 지붕을 이거나 땔감으로 사용했으니, 어느 하나 함부로 버릴 수 없이 쓰임새가 소중한 작물이다.

『명의별록』에서는 "황기장은 속을 고르게 하고 설사를 그치게 하며, 청기장은 소갈을 다스리고 속을 보한다. 장수하려면 기장으로

죽을 쑤어 먹는다."라고 하였다.

기장은 식물섬유, 칼슘, 마그네슘, 철분, 아연이 함유되어 있다. 곡물이지만 콩류에 부족하기 쉬운 메티오닌methionine이 풍부하고 위산의 과다 분비를 막아서 신진대사에 좋다. 기장은 단호박과 궁합이 좋은데, 단호박에 풍부한 베타카로틴과 비타민E가 서로 상호작용을 통해 피부와 점막을 건강하게 해 준다. 기장과 단호박을 함께 사용해 떡을 만들어 보자.

입병의 달콤한 약, 꿀

어릴 적에 입술이 부르트거나 입술 양쪽 가장자리가 갈라지면 어머니는 입이 크려고 한다면서 입술에다가 꿀을 발라 주시곤 했다. 다른 약은 쓴맛이 나는데 꿀은 향긋한 단맛이 좋아 얼른 빨아 먹고 다시 발라 달라고 떼를 쓰기도 했다. 참 신기한 것은 약이 넘쳐 나는 이 시대에서도 이런 방법은 쓰이고 있다는 점이다.

오행체질 분류법에서는 단맛은 토土체질(비·위)에 이로움을 주는 식품이다. 입술이 부르트거나 갈라지는 등의 입병이 나타나는 것은 비·위에 병이 난 것이 입 주변에 증상으로 드러난 것이다. 이때 꿀을 먹는 것도 좋지만 입술에 발라 주면 신통하게도 잘 낫는다.

『동의보감』에서는 "벌꿀은 오장육부를 편안하게 하고 기운을 돋우며, 아픈 것을 멎게 하고 온갖 약을 조화시킨다."고 하였다.

꿀은 이미 고대부터 약으로 이용해 온 식품이다. 고대 이집트인들은 꿀을 지금의 아스피린처럼 광범위한 증상에 사용했다. 천식과 설사를 치료하고 목의 통증 완화에도 사용했다. 또 방부제나 살균제로도 꿀을 이용했는데, 지금도 개발도상국의 내과의들은 일상적인 상처에 살균 연고로 꿀을 발라 준다. 꿀이 치료를 촉진하고 상처를 살균해 항생제를 필요 없게 만들기 때문이다.

꿀은 살균작용뿐만 아니라 신진대사를 원활하게 하고 심신의 안정과 수면을 유도한다. 그래서 저녁식사 때 먹는 꿀 한 스푼이 잠을 잘 오게 한다는 말도 있다. 이는 MIT실험으로 확인된 사실이다. 다만 꿀에는 미성숙한 내장에 들어가게 되면 치명적인 독소를 만드는 세균성 보툴리누스botulinus 독증 포자가 들어 있어, 만 1세 이하의 아기에게는 먹이지 않는 것이 좋다.

꿀에는 항산화물질이 들어 있다. 콜레스테롤을 억제하며 동맥경화를 예방하고 건강한 혈관을 유지할 수 있게 돕는다. 뇌의 유일한 에너지원이 포도당인데, 꿀에는 포도당이 들어 있어 뇌를 맑게 하는 데도 효과가 있다. 대체의학에서는 꽃가루와 로열젤리를 젊음을 찾아 주는 영약으로 여길 정도이니, 일상에서 얼마나 귀한 식품인지 알 수 있다.

꿀의 당기는 단맛은 설탕의 단맛과는 다르다. 설탕처럼 살을 찌우게 만들지 않고 이를 상하게 하지 않는다. 꿀이 체내지방이 축적되는 것을 방지하기 때문이다. 또 꿀을 자주 먹으면 신장결석이나 담결석을 예방하는 효능이 있고 노화를 방지한다.

앞서 거론했던 고대 이집트인들은 꿀에 악령을 쫓는 부적 같은 영험이 있다고 생각했다. 그래서 파라오의 옥새나 미라를 제작할 때도 꿀을 사용했다.

노화방지에 뛰어난, 대추

맛은 온도에 따라서 달라진다. 단맛은 음식의 온도가 체온과 비슷할 때 가장 강하게 느껴지고, 짠 맛은 온도가 낮아질수록 증가한다. 쓴맛은 체온보다 낮을 때 급속하게 증가하고, 신맛은 거의 모든 온도에 느낌이 일정하다.

음식의 온도는 사랑의 온도이다. 음식 맛은 정성이요, 만드는 기술은 감정과 경험이 녹아들어야 깊은 맛이 난다고 한다. 음식은 손으로 만드는 기술이 아닌 정성으로 만드는 사랑의 노동이다. 그래서 마음으로 만들지 않으면 맛이 쉽게 변한다. 맛을 좌우하는 마음의 온도는 춥고 허기진 일상에서 우리의 목숨을 잇게 하는 따스한 어머니의 사랑으로 각인된다.

오행체질 분류에서는 대추를 단맛으로 분류하여 토土로 비·위를 이롭게 하는 식품이다. "보고 먹지 않으면 늙는다."라는 말이 있을 정도로 대추는 노화 방지 효과가 뛰어난 식품이다. 수천 년이라는 시간 동안 한방에서 사용해 온 생약으로, 위장을 튼튼하게 하고 심신을 편안하게 하며, 진액 부족, 기운 부족을 낫게 한다. 또 온갖 약의 성질을 조화롭게 도와주기에 오래 먹으면 몸이 가벼워지면서 늙지 않는다 했다.

대추는 자손의 번성과 한결같은 굳건함을 의미한다. 대추나무는 많은 꽃을 피우며, 꽃이 피면 반드시 열매를 맺는다. 꽃으로서만 사명을 다하는 것이 아니고 반드시 열매까지 열린다. 그리고 많이 열린다. 조상께서 물려주신 육신으로 후손을 번창시키겠다는 다짐이다.

대추약밥

찹쌀 1kg, 황율과 은행 각 15개씩, 참기름 3~4큰술, 계피가루 약간
소스 : 생수 1컵, 생강즙 1큰술, 원당 1컵, 대추가루 1컵, 비정제설탕 반 컵, 집간장 3~4큰술

1. 황율은 미지근한 물에 충분히 불리고, 대추는 씨를 빼고 분쇄기에 갈아 주세요.
2. 소스 재료를 모두 혼합하여 주세요.
3. 찹쌀은 깨끗이 씻은 후 2시간 불려 20분간 찜솥에 찐 다음 2를 넣고 버무려 주세요.
4. 3에 불린 황율과 은행을 넣고 다시 버무려 찜솥에 20분 더 쪄 주세요.
5. 4가 다 쪄지면 볼에 담고 계피가루와 생강즙을 뿌리고 버무린 다음 참기름을 넣고 한 번 더 버무려요. 그런 뒤 한 김 나가면 예쁜 모양으로 빚어 주세요.

지금도 결혼식 후 폐백을 드릴 때면, 어른들이 신부의 치마폭에 밤과 대추를 던져 주는 풍습이 남아 있다. 대추는 관혼상제에서도 빠지지 않는 귀한 제물로, 건강한 아이를 낳길 바라는 마음을 담고 장수와 다복을 기원한다.

대추는 열매 외에도 그 쓰임이 다양하다. 대추나무 잎은 더위 먹는 이에게 도움이 되고, 대추씨는 산후 복통에 달여 먹으면 효과가 있다. 기침이 심할 때는 씨를 제거한 대추 스무 개를 미지근한 우유

대추오곡 항암고추장

오곡가루 450g, 고추장용 고춧가루 400g, 파프리카가루 200g, 청국장가루 270g, 자염 200g, 집간장 1컵, 대추 200g, 배즙 2컵, 엿질금물 7컵, (엿질금 2컵, 생수 10컵), 완성고추장 4㎏

❶ 오곡을 비율대로 혼합해서 5~6시간 불려 방앗간에서 곱게 빻아 주세요. (현미찹쌀4 : 기장1 : 차좁쌀1 : 수수1 : 보리1)

❷ 엿질금을 주머니에 넣고 생수를 부어 주물러서 엿질금 물을 만들어 주세요. (여러 번 나누어서 걸러 주세요.)

❸ 1을 2에 넣고 서서히 끓이면서 삭힌 뒤 다 삭으면 2~3시간 정도 조려서 불을 끄고 식혀 주세요.
(너무 센 불에 끓이면 삭기 전에 눌어서 탑니다.)

❹ 대추는 깨끗이 씻어 통통하게 주름이 완전히 펴질 때까지 포~옥 삶아 씨와 껍질을 걸러 주세요. (생수 500㎖)

❺ 배는 즙을 내어 끓기 시작하면 2~3시간 정도 약불에서 끓여주세요.

❻ 고운 고춧가루, 청국장가루, 파프리카가루, 자염을 넣고 알갱이를 곱게 부수어서(채로 치면 더 좋아요.) 3, 4를 붓고 혼합해 주세요. 간장을 넣고 잘 버무려 농도를 배즙 다린 물로 맞춰 주세요.

❼ 항아리를 깨끗하게 씻어서 물기를 말려서 준비를 해 주세요.
(사용하던 항아리는 소독을 해야 해요.)

❽ 6을 하루 정도 두었다가 항아리에 7~8부 정도 담아서 햇볕이 좋은 곳에서 유리 뚜껑을 덮어놓고 숙성시켜 주세요.
(고추장 위에 다시마를 얹어 주세요. 하루정도 두어야 작은 알갱이가 풀어져 농도를 맞출 수 있어요. 조금 묽게 농도를 맞추어야 발효가 완성될 때쯤에는 농도가 적당합니다.)

*고추장용 엿질금물은 5배, 식혜용은 3배

에 담갔다 하나씩 먹으면 효과가 있다. 다만 풋대추는 과식하면 위장 장애를 일으킬 수 있으므로 주의하는 것이 좋다.

사실 대추에는 비타민B, 비타민C를 비롯한 비타민과 칼슘, 철분이 풍부하므로 접시에 담아 놓고 생각날 때마다 한두 개씩 집어 먹으면, 자연스럽게 건강 증진 효과를 볼 수 있다. 강장 효과 보양 효과가 뛰어나고 음·양의 조화를 돕는 식품으로 달여 먹으면 부부 화합을 이루는 묘약이라고도 한다.

이런 대추가 빠지지 않는 음식은 우리 곁에 꽤 많이 남아 있다. 우리의 전통음식인 약밥을 만들 때도 대추는 빠지지 않는데, 언제부턴가 양조간장으로 맛을 내고 캐러멜 소스로 색을 내어 안타깝다. 약밥은 소중한 전통음식 중에 하나다. 깔끔하고 깊은 단맛을 내주는 전통 간장과 대추로 약밥을 간편하게 만들어 보는 건 어떨까? 그 레시피를 소개한다.

현대인의 입맛을 사로잡은, 망고

샛노란 빛깔에 촉감은 부드럽고, 입안에서 달게 넘어가는 망고. 망고는 주로 아프리카, 브라질, 멕시코, 플로리다, 캘리포니아, 하와이 등의 열대와 아열대 기후에서 자라는 과일로 불과 10여 년 전만 하더라도 쉽게 볼 수 없었다. 지금은 운송수단의 발달과 보관방법의 발달로 작은 슈퍼에서도 만날 수 있는데, 아이스크림, 음료, 디저트로 출시될 만큼 대중적인 열대과일로 자리 잡았다.

망고는 비타민A가 많이 함유돼 있고 카로틴은 푸른잎채소와 거의 같은 양이 들어 있다. 날로 먹기도 하지만 디저트와 과자 재료로 도 쓰며, 과육을 갈아 샐러드의 드레싱이나 소스, 수프 등으로 다양하게 활용되고 있다. 망고의 산지에서는 덜 익은 망고를 채소와 함께 볶거나 절여서 먹기도 하니 그 활용 방법이 무궁무진하다. 망고나무는 관상용으로도 심는데 그 수액이 아라비아고무 대용으로 사용되어 더욱 소중하다.

오행체질 분류에서는 망고를 단맛으로 분류하여 토±로 비·위를 이롭게 하는 식품이다. 망고는 위를 편하게 하고 어지럼증을 가라앉히는 효과가 있다. 구토를 막고 가래를 삭이며 기침을 멈추게 하는 효능이 있다. 또 심혈관 질환을 예방하고 항암작용도 한다.

망고를 먹는 다양한 방법이 있지만, 사시사철 활용할 수 있는 냉동망고로 로푸드 망고주스 만드는 법을 소개하고자 한다. 계절과 상관없이 언제나 구할 수 있고 보관도 어렵지 않아 가정에서 활용하기에 좋다. 특히 무더운 여름에는 냉동망고를 그대로 갈아서 망고주스를 만드는데, 마지막에 소금을 작게 한 꼬집 넣으면 단맛이 높아진다. 작은 팁이라면, 생강즙이나 생강가루를 약간 넣으면 차가운 냉기를 가라앉힐 수 있어 자칫 배탈이 날 수 있는 것을 예방할 수 있다. 복숭아가 제철인 계절이라면 망고와 복숭아를 배합해 갈아 또 다른 맛을 낼 수도 있다. 복숭아는 과일이지만 따뜻한 성질을 지녔기 때문에 냉동망고의 차가운 성질을 보완한다. 지나친 것은 언제나 모자람만 못하다. 신장에 부담을 주지 않도록 적당한 양을 섭취할 것을 권한다.

디톡스의 대표 나물, 미나리

미나리는 오행체질 분류에서는 토土로 비·위를 이롭게 하는 식품으로 분류한다.

미나리는 봄을 대표하는 나물이라고 해도 좋겠다. 각종 비타민과 무기질, 섬유질이 풍부한 알칼리성 식품으로, 빈혈과 변비 예방에 좋다. 무엇보다 해독과 혈액을 정화하는 데 좋은 효과가 있다. 그래서 겨우내 몸에 쌓였던 독소를 내보내고 새봄의 기운을 북돋우는 봄의 고마운 선물이다.

미나리는 감기로 열이 나거나 갈증이 심할 때 효과가 있다. 토하고 설사하는 증상과 소변이 잘 통하지 않고 몸에 부종이 생기는 증상, 혈변, 혈뇨, 토혈, 하혈에 도움이 된다. 또 잇몸이 아프거나 갑상선과 임파선이 붓고 통증이 있을 때, 치질이나 다쳐서 몸이 부울 때도 좋은 식품이다. 한방에서는 류머티즘 관절염이나 어린이 해열제로도 사용했다.

미나리는 간의 활동에도 도움을 주는데 특히 피로회복에 좋다. 술을 많이 마셔 간이 좋지 않은 경우에 꾸준히 먹으면 숙취 해소 효과를 볼 수 있다. 또 시원한 성질을 가지고 있어 염증을 가라앉히는데, 급성간염과 술로 인한 간경화에 효과가 있다. 오줌을 잘 나오게 하니 신장, 방광염으로 고생하는 사람에게도 도움이 되고, 혈관을 맑게 해 주니 고혈압에도 도움이 된다.

새봄에 찾아오는 봄 같은 식품. 겨울 동안 쌓인 몸속의 묵은 기운을 내보내고 새봄의 기운을 맞아 보는 건 어떨까? 계절이 변할 때 우리 몸에도 변화가 있다. 그 변화를 눈여겨볼 줄 아는 지혜를 기르자.

올리브처럼 날씬해질 수 있는, 시금치

시금치는 오행체질 분류에서는 토土로 비·위를 이롭게 하는 식품으로 분류한다.

'뽀빠이'라는 만화 캐릭터가 처음 등장한 것은 무려 100여 년 전이다. 뽀빠이는 어려운 상황을 만나도 낙천적인 성격으로 극복하는 캐릭터인데, 특히 시금치를 먹으면 초인적인 힘을 발휘하는 것으로 유명하다. 만화 속에서 뽀빠이는 언제나 시금치를 먹고 힘을 얻었고, 덕분에 만화가 만들어진 미국에서는 시금치 소비량이 30%나 늘어났다고 하니 실로 놀라운 일이 아닐 수 없다.

사실 시금치는 대표적인 녹황색채소로 비타민A 함유량이 높은 채소다. 비타민A뿐만 아니라 비타민C, 비타민B도 풍부하게 함유돼 있다. 시금치에 들어 있는 칼슘은 지방의 체내 흡수를 줄여 주기 때문에 고혈압 예방에 도움이 되고, 자주 먹으면 대장암 예방 효과도 얻을 수 있다. 특히 시금치에 함유된 비타민B의 일종인 엽산은 폐암 전 단계의 세포를 정상으로 회복시키는 폐암 억제 효과가 있다. 이 엽산과 함께 비타민B12를 투여하면 항암 효과는 더욱 확실해진다.

시금치가 고마운 건, 풍부한 비타민 함량을 자랑하고, 맛도 일품이며 식탁 위에 주역으로도 조연으로도 손색이 없지만, 무엇보다

저렴한 가격으로 언제 어디서나 쉽게 구할 수 있는 채소이기 때문이다. 혹자는 시금치를 많이 먹으면 결석이 생긴다는 말 때문에 시금치 먹기를 꺼리기도 하는데, 그것은 하루 500g씩 매일 먹었을 때의 위험이다. 보통 우리가 나물이나 국으로 이용하는 분량은 안심해도 좋다. 시금치를 끓는 물에 데치면 결석을 유발하는 수산이 어느 정도 제거되므로, 시금치 무침이나 국에 넣어 먹으면 좋다.

시금치를 섭취하는 다양한 방법이 있지만, 몇 가지 노하우를 공유하고자 한다. 시금치와 궁합이 좋은 식품들이 있다. 참깨에는 리신이라는 결석 방지 효과 성분이 들어 있어, 시금치를 무칠 때 참기름을 넣으면 부족한 단백질과 지방을 보충하는 것은 물론 결석도 예방할 수 있다. 시금치에 당근을 배합할 때는 비타민C는 손실되지만 혈액을 활성화하고 경락을 잘 통하게 하는 작용이 강해진다. 고혈압이나 동맥경화 증상이 있는 사람에게 도움이 된다. 또 시금치와 우유를 배합하면 철분 흡수가 잘 되고 소화가 잘 되어, 몸 안의 독소를 배출한다.

불로식이라 불리는, 연근

연근은 오행체질 분류에서는 토土로 비·위를 이롭게 하는 식품으로 분류한다.

굵고 고운 꽃잎과 맑은 색을 자랑하는 연꽃은 연못에서 피어난다. 뿌리는 뻘 속에 있고, 줄기는 물속에 있으며, 그 위로 꽃송이를 피워 올리는 연꽃을 불교에서는 귀히 여긴다. 진흙에서 피어나 그

청정한 꽃을 기어이 세상에 선보이는 자연의 위대함을 잘 알기 때문이리라. 물론 부처님께서 태어난 발자국을 따라 연꽃이 솟아올랐다는 부처님의 탄생 일화 덕도 있겠지만 말이다.

연근은 연꽃의 뿌리다. 연은 뿌리와 줄기와 씨방까지 구멍의 모양이 똑 같다. 예부터 중국에서는 연근을 '불로식不老食'이라 불렀는데 잎, 꽃, 열매, 뿌리의 모든 부분을 식용하거나 약용할 수 있어 버릴 것이 없기 때문이다. 연근은 혈관을 수축시키는 성분이 있어 지혈에 도움이 되고, 식물성 섬유질이 많아 변비에 좋다. 유해 물질은 더 잘 배출하도록 도와주고 콜레스테롤을 낮추는 효과가 있으니 혈압이나 당뇨를 예방하기에도 좋은 식품이다.

『동의보감』에서는 연근을 "성질이 따뜻하고 맛이 달며 피를 토하는 것을 멎게 하고 어혈을 없앤다."고 하였다.

연근은 특히 지혈작용이 뛰어나다. 연근의 마디를 우절藕節이라 하는데, 모든 출혈 증상에 도움이 된다. 생 연근과 소금을 배합하면 지혈작용은 더 활발해지는데, 각종 출혈성 질환에 도움이 된다. 또 여성의 월경기에 자궁을 통해 출혈을 하는 대신 입이나 코로 출혈하는 역경에 효과가 있다. 이럴 때는 연근을 착즙기에 즙을 짜, 간간한 정도로 소금으로 간을 맞춰 마시면 좋다. 또한 연근과 인삼을 배합하면 빈혈에 효과가 좋다.

연근을 살 때는 썰어서 표백시킨 것은 피하자. 반드시 통연근을 사서 조리해야 연근 고유의 맛을 느낄 수 있다. 무엇보다 조리하기 전에 바로 손질해서 사용하면 별다른 양념을 쓰지 않아도 약성과 맛을 모두 사로잡는 연근 요리를 완성할 수 있다.

연근초절임

연근(중) 1개, 비트 약간,

촛물 : 생수 3컵, 설탕 1컵, 식초 1컵, 자염 1큰술

1. 연근은 껍질을 벗겨 3~4등분으로 잘라 바깥 부분을 꽃모양으로 도려내어 소금물에 살짝 데쳐 주세요.
2. 비트는 강판에 갈아 면보에 즙을 짜 주세요.
3. 비트즙에 생수, 설탕, 식초, 자염으로 간을 한 후 연근을 담가 주세요.
4. 연근에 색이 베면 적당한 굵기로 잘라 접시에 담아 주세요.

봄에 햇쑥이 나올 때 연근을 강판에 갈아서 쑥을 송송 썰어 넣고, 소금은 한 꼬집만 넣어 반죽을 만들자. 이렇게 부친 전은 쑥의 향과 연근의 천연 단맛이 어우러져 담백한 제철 별미가 된다. 밀가루는 전혀 사용하지 않으나 연근의 전분만으로 훌륭한 맛과 모양을 만들어 내니, 돌아오는 봄에는 기억하고 실행해 보면 어떨까.

용의 눈을 닮은 열매, 용안육

용안이라는 이름은 말 그대로 용의 눈이란 뜻에서 붙인 이름이다. 열매가 동물의 눈처럼 생겼으며, 열매의 껍질에 해당하는 가종피가 두텁다. 보기와 다르게 질감은 연하면서 점착성이 있고, 단맛이 나

며 독특한 향이 있어 술안주로도 사용한다.

용안육은 지나치게 생각이 많아 심장이 불규칙하게 뛰거나, 건망증, 불면증, 소화불량, 묽은 변을 보는 증상에 사용한다. 아픈 후 회복기에 기운이 없고 빈혈, 권태, 땀을 제어할 수 없을 때, 산후 기혈이 허약하고 부종이 생길 때도 효과가 있다.

『고금장수묘방』에서는 "닭 1마리, 용안육 50g을 넣고 쪄서 먹으면 기혈을 보하고 정신을 안정시킨다."고 하였다.

또한 『질병식료』에서는 "용안육 15g, 연자 15g을 물과 함께 넣고 끓여 얼음 설탕을 넣어 마시면 심혈을 보하고 비위를 튼튼하게 한다."고 하였다.

『질병식료』에서 기술하고 있는 것처럼, 용안육은 심장과 비장을 보하며 보혈작용을 한다. 정신을 안정시키고 지력을 증강한다. 빈혈이나 노인성 기혈 부족, 산후 체력 저하, 영양불량인 사람에게 적합하다. 만성 스트레스와 피로를 달고 사는 현대인에게 도움이 되는 식품이다.

살다 보면 우리는 늘 먹던 것, 좋아하던 것을 찾는 경향이 있다. 한 사람이 나고 떠날 때까지 맛을 보지 못하는 식자재도 한두 가지는 아닐 것이다. 어느새 혀에서 당기는 맛, 자극적인 맛을 찾아다니는 사람이 늘고 있다. 내 몸이 원하는, 나에게 맞는 식품은 무엇인지 내 몸이 보내는 신호에 귀를 기울여 보길 바란다. 그래서 자연이 선물하는 그대로의 식품을 만날 수 있기를 바란다.

상약 중에 상약, 인삼

인삼은 오행체질분류에서 토土로 비·위를 이롭게 하는 상약으로 분류한다.

내 고향 금산은 인삼의 고장이다. 지금은 금산에 가 보아도 인삼 유통시장으로의 명성뿐 밭이나 들에 인삼밭을 찾기가 어려워졌다. 이는 인삼은 3~6년을 키우는데 연작이 안 되기 때문이다. 내가 어려서는 인삼밭을 '삼장'이라고 했다.

지금은 그 풍경이 사라졌지만 옛날에는 삼장에 혼자 잘 수 있을 정도의 구들장을 깔은 작은 오두막을 지었다. 왜냐하면 인삼이 워낙에 고가이기에 도둑을 지키기 위함이었다. 아버지는 낮에 종일 일을 하시고 하루 일과를 마치고 저녁을 드시고 나면 인삼밭으로 올라가셔서 인삼을 지키고 아침에 내려오셨다.

요즈음이야 그 일을 CCTV가 대신 해 주니 인삼농사를 짓는 농부들도 많이 편리해졌다. 게다가 요즘은 현대과학의 기술로 농기구들도 많이 현대화되었다. 옛날에는 건조기가 없었기 때문에 장마가 지나면 인삼을 캐서 껍질을 대나무칼로 벗겨서(쇠가 닿으면 약성이 떨어진다고 함.) 건조시켜 판매하여 목돈을 마련하였다.

인삼은 명약으로 다양하게 사용되지만 어릴 적 엄마가 해 주시는 밥상에는 고추장에 새콤달콤하게 무친 미삼(씨를 뿌려 1년 만에 캔 삼)이 자주 올라오곤 하였다.

인삼은 식자재라는 말보다 약초라는 말이 더 잘 어울린다. 현대의 과학이 밝혀낸 인삼의 효능은 거의 만병통치약 수준인데 암, 당뇨, 남성기능 향상, 간장 보호, 위장병, 면역기능 증가, 갱년기 장애, 여성 피부미용 등에 좋다고 알려졌다. 특히 항암제보다 더 강한 항암작용을 하면서도 부작용이 전혀 없다는 연구 결과가 많이 발표되었는데, 황기와 영지를 함께 이용하면 암세포 억제율이 더욱 상승한다. 그 실험 몇 가지를 살펴보면 자궁경부암에 대해 95% 이상의 억제율을 보였고, 쥐 실험에서는 백혈병에 대한 추출물을 주사한 결과 99%의 치료효율을 얻었다.

『신농본초경』에서는 "식약일체食藥一體의 보약을 상약上藥이라 하여 120종의 약품을 나열하고 있는데, 그중 으뜸이 바로 인삼이다."라고 하였다.

인삼은 원기를 크게 보하고 비장이 허약해 자주 설사를 하며, 식사량이 적고 힘이 없는 사람에게 도움이 된다. 또 정신이 피로한 사람에게도 좋은 효과가 있다. 폐 건강을 돕고, 심장을 강하게 하고, 정신을 안정시키고 지력에 도움이 된다. 꼭 시대를 거슬러 올라가지 않아도 삼계탕을 비롯한 보양 음식, 강장 음식에는 으레 인삼이 들어가기 마련이니 인삼의 효능을 생활 속에서 이미 체감하고 있는지도 모를 일이다.

곡식을 삭히는, 조청

조청은 오행체질분류에서 토土로 비·위를 이롭게 하는 식품으로 분류한다.

자연생의 꿀을 가리켜 '청淸'이라 하고, 인공적인 꿀을 가리켜 '조청'이라 한다. 그렇다. 우리가 생각하는 조청은 인공적인 '꿀'인 것이다. 곡물의 전분은 찌거나 삶으면 익어서 호화糊化되는데, 여기에 엿기름물을 섞고 따뜻하게 중탕하면 밥알이 삭아서 당화되어 풀어진다. 묻어 두어도 비슷한 효과가 있다. 이것을 자루에 담아 단물을 짜낸다. 이렇게 짜낸 단물을 엿물이라 하는데, 큰 무쇠솥에 엿물을 붓고 불을 지펴 뭉근하게 조리면 조청이 된다.

갓 뽑아내 따뜻하고 쫀득한 가래떡을 조청에 찍어 먹으면 그 맛을 잊을 수가 없다. 담백하고 쫀득한 떡의 식감과 조청의 달콤한 맛의 어우러짐은 환상의 궁합이다. 조청은 쌀, 수수가루, 옥수수가루 등 다양한 곡식으로 만들 수 있다. 쌀로 만든 것은 빛이 맑고, 수수로 만든 것은 붉은빛이 돈다. 잡곡은 어느 것이나 활용할 수 있으며 고구마로도 만들 수 있다. 재료에 따라 빛깔과 광택, 끈기가 모두 다르지만 그 단맛은 거의 같다.

우리나라 전통음식 중 조림을 할 때는 조청을 쓴다. 그 이유는 주식이 곡식이기 때문이다. 조청의 주재료가 엿질금인데 엿질금은 겉보리를 발아시킨 것이다. 엿질금이 곡식을 삭히기 때문에 반찬에 조청이 들어가면 자연스럽게 소화제가 되어 소화에 도움을 준다. 떡을 먹을 때도 꿀보다는 조청을 찍어 먹는 이유가 바로 곡식을 삭히는 효능으로 소화가 잘 되기 때문이다. 전통음식을 만드는 조리법 하나, 간식을 먹는 음용법 하나에도 선조들의 지혜가 들어간 선택이었던 것이다.

여름이면 찾아오는 과일, 참외

참외는 오행체질분류에서 토土로 비·위를 이롭게 하는 과일로 분류한다.

여름의 과일을 꼽으라고 하면 어떤 과일을 선택할까? 먼저 떠오르는 과일은 역시 수박과 참외 그리고 복숭아일 것이다. 재배 농법이 발달하면서 웬만한 채소와 과일은 계절에 구애받지 않고 구할 수 있는데, 유독 수박과 참외만은 여름, 그 뜨거운 계절에 만나야 제맛을 한껏 즐길 수 있다.

참외는 낮은 칼로리의 알칼리성 식품으로 과일 중에서도 특히 칼로리가 낮은 편이다. 비타민A·B·C, 니아신, 칼슘, 인 등의 영양소가 골고루 들어 있는데, 다른 과일이나 채소에 비해 한 번에 섭취할 수 있는 비타민의 양은 적다. 하지만 여러 가지 영양소를 골고루 보충할 수 있다는 장점이 있다.

참외는 성질이 차갑고 수분이 90%를 이루는 과일로, 땀을 많이 흘리거나 갈증이 날 때 먹으면 큰 도움이 되는 과일이다. 그러니 여름에 꼭 어울리는 과일일 수밖에. 열을 내려 주고 이뇨와 변비, 피로 회복에도 효과가 있다.

참외는 예부터 황달, 수종, 가래, 기침 등을 다스리는 민간요법에 많이 활용되어 왔다. 덜 익은 참외 꼭지에서 나는 쓴맛은 에라테린elaterin이라는 성분에 의한 것인데 먹은 음식을 토하게 하는 토제吐劑의 효과가 있다. 꼭지를 약으로 쓸 때는 말려서 가루 낸 것을 사용하는데 소화기 질환에 두루두루 쓰인다. 식품에는 궁합이 맞는 재료와 맞지 않는 재료가 있는 법인데, 참외는 땅콩과 상극이다. 참외의 차가운 성질과 땅콩의 기름기가 조화를 이루지 못하기 때문인데, 기왕이면 건강하게 먹는 것이 좋지 않겠는가? 참외를 먹을 때 땅콩은 피하자.

참외는 디저트로 대부분 생식하지만 요리로 활용하는 방법도 있다. 장아찌, 피클, 냉국, 물김치를 만들 때 사용하는데, 그중에서도 참외장아찌를 많이 담가 먹는다. 참외장아찌를 담글 때는 노랗게 숙성된 것보다는 덜 익은 풋것을 선택하자. 그래서 늦여름 참외가 끝나갈 무렵에 담그면 좋다. 담그는 방법은 어렵지 않다. 풋참외를 가로로 길게 잘라 씨를 제거한다. 유리용기나 항아리에 담아 소금물을 끓여서 붓는데, 이때 소금물은 물 4컵에 소금 1.5컵 분량의 비율로 맞추어 주는 것이 좋다. 참외에 부은 소금물이 식으면, 누름돌을 올려 두고 뚜껑을 잘 덮는다. 한 달 정도 그대로 두었다가 찬물에 씻어 갖은양념으로 조물조물 무쳐 보자. 더위에 지쳐 도망갔던 입맛이 돌아올 것이다.

알고 보면 나무예요, 칡

칡(갈근)은 오행체질 분류에서 토土로 비·위를 이롭게 하는 식품으로 분류한다.

칡은 다년생 식물이다. 겨울에도 얼어 죽지 않고 줄기 대부분이 살아남는 생명력이 강한 식물이다. 줄기는 매년 굵어져서 굵은 줄기를 이루는데 이 때문에 나무로 분류한다는 점이 참 재미나다. 인삼이나 도라지처럼 비슷한 식물과라 생각하는 경우가 많지만, 칡은 나무이다.

칡은 잎, 꽃, 뿌리 모두 식용으로 유익하게 활용되며 약용으로도 가치가 높다. 뿌리의 즙은 위장 보호와 감기몸살에 전통적으로 애용해 왔고, 칡뿌리는 오래 섭취해도 부작용이 없어 요긴하게 쓰이는 안전한 치료 식품이다. 칡뿌리의 주된 성분은 전분이다. 생뿌리를 착즙기에 짜면 앙금이 가라앉는데, 이것을 여러 번 우려낸 다음 흰 것을 죽으로 쑤어 먹는다. 칡꽃은 8월 중에 피는데 바짝 말린 후 다려 마시면 술독을 풀고 갈증을 풀어 준다. 소화불량에도 이롭고 기침과 가래를 삭이는 데 유용하니, 꽃과 뿌리가 모두 약용되는 것이다.

우리나라에서 칡은 식용으로 많이 애용한다. 우리나라 전역에 분포해 있으며, 섬유질, 무기질, 비타민이 골고루 들어 있는 건강식품이다. 특히 오래 묵은 칡뿌리에는 전분이 많이 함유되어 있어 흉년에는 구황식으로 이용했다. 백성에게는 구황식으로, 상류층에게는 별식 재료로 사용되었으니, 그 쓰임이 지금까지 이어져 온 것은 당연한 일인지 모른다.

『식의식감』에서는 "갈근과 쌀을 넣고 죽을 끓이면 감기의 열을 내리고 갈증을 해소한다."고 하였다.

『태평성혜방』에서는 "갈근과 쌀을 뭉근히 끓여 생강을 넣고, 먹기 전에 꿀을 약간 넣으면 거풍작용으로 놀라는 증상에 도움이 되고, 어린이 감기, 발열, 두통, 구토에 쓰인다."고 하였다.

칡은 갈증을 없애고 번열을 내려 주는데, 두드러기를 가라앉히는

칡콩나물국

대두황권(콩나물) 300g, 갈근(칡) 50g, 채수 3컵, 고춧가루 약간, 간장, 자염(소금)

1. 깨끗이 씻은 갈근과 대두황권을 냄비에 넣고 채수를 3컵 가량 넣고 끓여 주세요.
2. 대두황권이 비린내가 나지 않을 정도로 익으면 간장과 자염, 고춧가루로 간을 맞춰 주세요.

효과도 있다. 이질, 설사에 좋으며 근육 뭉친 것을 풀어 주는데, 특히 경추병에 효과가 있다. 양기를 위로 올리는 작용이 있고 혈관을 확장해 고혈압을 낮춘다. 민간요법으로는 숙취가 풀리지 않아 머리가 상쾌하지 않을 때, 칡뿌리의 즙을 짜서 한 잔씩 서너 번 마시면 좋다. 또 감기에 땀이 안 나고 전신의 통증을 호소한다면 다려서 복용해 보자. 발한 해열작용으로 치유된다.

아삭한 식감 형형색색의 유혹, 피망

피망은 오행체질분류에서 토土로 비·위를 이롭게 하는 식품으로 분류한다.

청양고추를 떠올려 보자. 짙은 녹색을 띠고 가늘고 긴 생김새, 뚝하고 부러뜨리면 알싸하게 퍼지는 고추 향기, 맛은 혀가 얼얼할 정도의 매운맛을 자랑한다. 하지만 통통한 고추처럼 생긴 피망은 눈에 보이는 모습부터 차이가 있다. 빨간색, 초록색, 주황색, 노란색, 보라색 등 형형색색의 쨍하고 고운 색깔을 자랑한다. 그 맛도 고추와는 차이가 확연한데, 아삭아삭한 식감에 더불어 단맛이 강하게 느껴진다. 우리나라에서는 피망을 개량한 작물을 파프리카로 구분해서 이름하고, 다른 채소로 취급할 때도 많다. 하지만 외국에서는 대체로 피망과 파프리카를 같은 채소로 취급한다.

피망의 또 다른 이름은 '비타민 캡슐'이다. 비타민A와 비타민C가 풍부하게 함유돼 있기 때문이다. 베타카로틴과 캡사이신 유사물질도 함유되어 있는데, 캡사이신은 체지방을 분해해 열량 소모를 촉진하고, 비타민C와 베타카로틴은 발암물질 억제와 항산화 작용으로 주목받는다. 특히 비타민C의 산화를 막는 비타민P도 들어 있어서, 피망을 먹으면 비타민C를 더욱 효율적으로 섭취할 수 있으니 비타민 캡슐이라는 별명이 썩 어울린다. 단, 색깔을 띠는 피망은 그 색에 따라 함유 성분이 다르므로 골고루 섞어 먹는 것이 좋다. 예를 들어 녹색에는 유전자 손상을 예방하는 클로로필chlorophyll이 풍부하고, 보라색과 갈색에는 비만을 억제하는 안토시아닌anthocyanin이 들어 있다. 녹색이 숙성된 붉은 피망에는 피로회복에 좋은 비티민이 풍부하게 함유돼 있는데, 베타카로틴도 녹색보다 많이 들어 있다. 특히 붉은 피망에는 몸속에서 비타민A로 변환되는 카로틴이 푸른 피망의 3배 이상, 비타민C가 2배, 비타민E가 5배 이상 들어 있다. 피망 중에서도 붉은 피망이 으뜸이라 표현해도 좋을 것이다. 중간 크기의 피망 한 개면 1일 비타민C의 필요량을 충족할 수 있는

데, 가열해도 잘 파괴되지 않는 장점이 있다. 물론 날것으로 먹는 것이 가장 좋지만 말이다.

피망과 궁합이 좋은 식품에는 뭐가 있을까? 카로틴이 풍부한 당근이 피망과 궁합이 맞다. 피망의 비타민A와 당근의 카로틴이 만나 최상의 비타민A 효과를 선물하는 것이다. 게다가 피망과 당근, 두 가지 채소에 들어 있는 식물성 섬유가 해독작용과 장의 연동 운동을 도우니, 변비는 물론이고 복부에 가스가 잘 차는 사람에게도 이롭다.

넝쿨째 굴러온 복덩이, 호박

호박은 오행체질 분류에서 토土로 비·위를 이롭게 하는 식품으로 분류한다.

컬러 푸드는 색이 진할수록 몸에 좋다. 색이 진하고 잘 익었다는 것은 햇빛의 자외선으로부터 자신을 보호하기 위해 더 많은 방어물질을 만들었다는 것이다. 그래서 컬러 푸드를 먹을 때는 색이 진하고 잘 익은 것을 골라 먹는 것이 좋다. 대표적인 노란 식재료는 뭐니 뭐니 해도 호박이다. 그 중에서도 늙은 호박에는 베타카로틴과 비타민B·C가 풍부하고 소화가 잘 되어 감기를 예방하고 중풍을 예방하는 데 효과가 있다. 이뇨작용과 부종 해소작용이 뛰어나 예부터 우리 조상들은 산후 산모에게 호박을 많이 먹였다. 씨만 파내고 찜통에 쪄서 먹으면 간식으로도 그만이다.

호박은 열매뿐 아니라 꽃과 잎까지 모두 먹는다. 꽃은 호박꽃

만두를 빚거나 꽃잎전을 부치고, 튀김 요리로 사용하며, 잎은 부드럽게 데쳐 내 쌈으로 먹거나 된장국에 넣어 먹는 등 활용법도 다양하다.

호박은 기름을 이용해 조리하면 좋은데, 호박에 함유된 비타민A를 기름으로 조리하면 흡수가 잘 되기 때문이다. 열매뿐만 아니라 씨도 맛이 좋다. 호박씨에는 단백질과 지방이 풍부해 약용은 물론 식용으로 많이 이용하며, 레시틴이 들어 있어 두뇌 발달에 좋다. 필수아미노산과 비타민B는 간장 기능을 돕고, 기침이 심할 때 호박씨를 구워서 설탕이나 꿀에 섞어서 먹으면 기침이 멎는다.

실생활에서 더 자주 쓰이는 애호박은 껍질이 연하고 녹색을 띠며 비타민A·C·B1·B2를 풍부하게 함유하고 있다. 누렇게 늙은 호박이나 단호박처럼 껍질이 단단하고 과육이 주황색을 띠는 호박에는 카로티노이드carotenoid 색소가 들어 있다. 이 카로티노이드는 체내에 흡수되어 베타카로틴이 된다. 베타카로틴은 정상 세포가 암세포로 변하는 것을 막아 주는 역할을 하는데, 이 때문에 호박을 '노란 항암제'라고 부르기도 한다.

호박의 당분은 소화 흡수를 돕고 당뇨와 비만에 나쁜 영향을 미치지 않는다. 이 때문에 당뇨환자나 회복기에 있는 환자에게 좋고, 노화 방지에 효과적인 토코페롤과 카로틴이 풍부해서 피부미용에도 좋다. 우리 몸에 지방이 축적되는 것을 막아 주니 다이어트 식품으로도 손색이 없다.

음식을 만들 때 밀가루 음식에 호박을 배합하는 이유가 있다. 밀가루는 뭉치는 성질이 있고, 그 뭉치는 성질을 풀어 주는 것이 바로

애호박 느타리버섯전

애호박 1개, 느타리버섯 100g, 홍고추 1개, 통밀가루, 자염(소금), 현미유, 초간장(집간장 1큰술, 식초 1큰술, 생수(채수) 약간)

1. 애호박 반은 곱게 채 썰어 1cm 길이로 자르고 남은 애호박은 굵은 강판에 갈아 주세요.
2. 느타리버섯은 끓는 소금물에 데쳐 찬물에 헹구어 물기를 꼭 짜서 송송 썰어 주세요. 홍고추는 둥글게 송송 썰어 주세요.
3. 그릇에 강판에 간 애호박, 채 썬 애호박, 느타리버섯을 넣고 소금간한 후 밀가루를 섞어 반죽을 해 주세요.
4. 잘 달군 팬에 반죽을 떠놓아 노릇하게 부쳐 주세요. 한쪽 면이 다 익으면 송송 썬 홍고추를 얹고 뒤집어 살짝 익혀 주세요. 초간장과 함께 내 주세요.

호박이다. 칼국수나 수제비 같은 밀가루 음식에 호박을 넣는 이유이기도 하다. 그저 맛이 좋으라고 넣는 것은 아니다. 일반적으로 애호박으로 전을 부칠 때는 호박을 송송 썰어서 계란 물을 입혀 부치는데, 애호박을 배합하면 계란의 비린 향이 배가 된다. 그래서 후각이 예민한 아이들은 호박전을 먹지 않으려고 한다. 하지만 계란을 넣지 않고 호박으로만 반죽을 해서 부치면 달고 맛있는 전을 만들 수 있다. 여기에 느타리버섯을 넣어 주면 해물을 배합한 것과 같은 맛이 나며 영양도 높아진다.

호박꽃만두

호박꽃, 호박잎, 애호박, 표고버섯, 풋고추, 소금, 간장, 참기름, 통깨, 후추, 식용유, 생들기름, 이쑤시개, 초간장(간장, 식초, 생수)

❶ 호박꽃은 수술을 떼어 주세요.
❷ 호박은 채 썰어 2~3번 옆으로 잘라준 후 소금을 뿌린 뒤 물기를 짠 후 센 불에 볶아 헤쳐 주세요.
❸ 표고버섯은 채 썰어 다진 뒤 간장과 생들기름을 넣고 무쳐 볶아 주세요. 풋고추는 다져서 살짝 볶아 주세요
❹ 볶은 호박과 고추, 버섯이 완전히 식으면 섞어 통깨, 후추, 참기름을 넣고 무쳐 주세요.
❺ 호박꽃에 소를 넣고 이쑤시개로 오므려 주세요.
❻ 김이 오른 찜통에 젖은 호박잎을 깔고 만두를 쪄 주세요.
❼ 초간장과 함께 내 주세요.

tip : 만두를 찔 때 내용물은 다 익었기 때문에 4~5분정도만 쪄야 해요. 오래 찌면 꽃이 물러져요.

4장

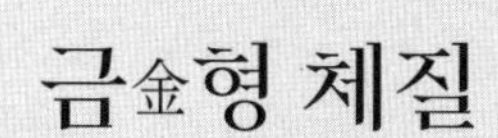

금金형 체질

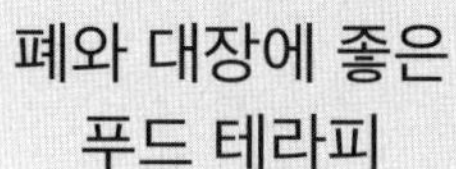

폐와 대장에 좋은 푸드 테라피

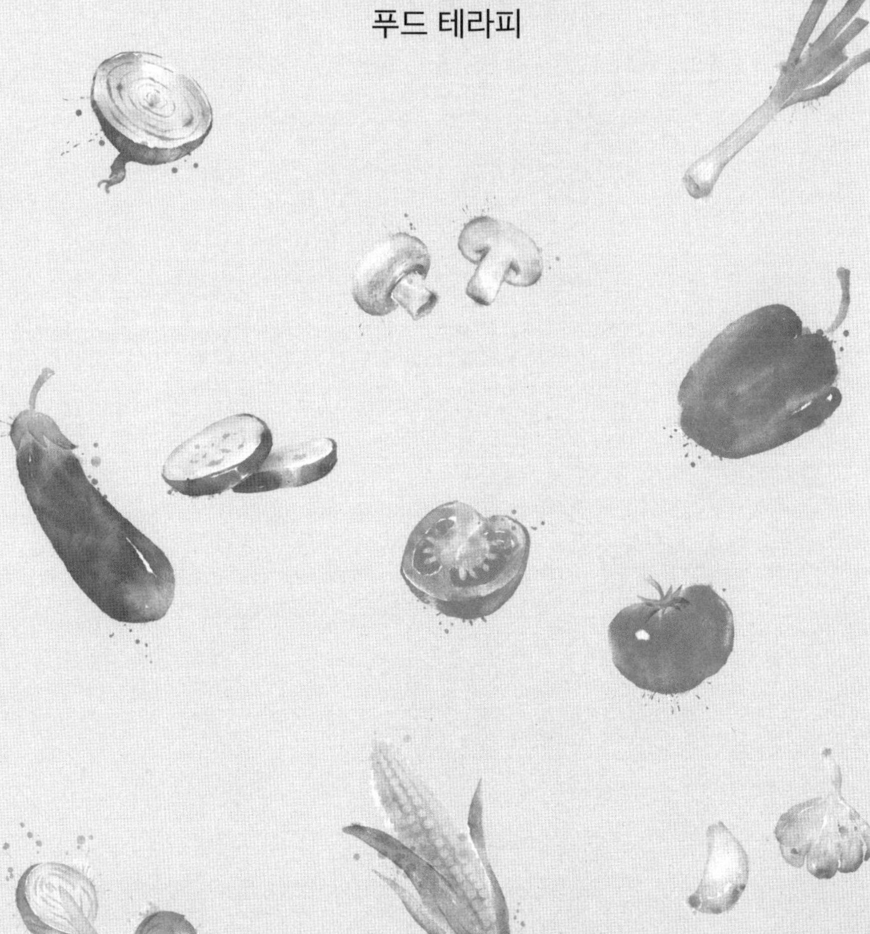

금金형 체질

<table>
<tr><td rowspan="4" colspan="2"></td><td>큰 장부</td><td colspan="2">폐, 대장</td><td colspan="2">매운 것, 흰색</td></tr>
<tr><td>작은 장부</td><td colspan="2">간장, 담낭, 심장, 소장</td><td colspan="2">시고 쓴 것, 녹색, 붉은색</td></tr>
<tr><td>체형</td><td colspan="2">어깨가 넓다.</td><td>방향</td><td>西</td></tr>
<tr><td>얼굴형</td><td colspan="2">사각진 얼굴</td><td>수</td><td>4, 9</td></tr>
<tr><td colspan="2">相克</td><td colspan="3">金生水</td><td>계절</td><td>가을</td></tr>
<tr><td colspan="2">강한 형</td><td colspan="2">金水形</td><td>약한 형</td><td colspan="2">木火形</td></tr>
<tr><td rowspan="8">영양
식품</td><td>맛</td><td colspan="2">매운맛, 비린 맛, 화한 맛</td><td rowspan="8" colspan="3">쥐가 날 때
- 식초 먹기
- 새끼발가락과 넷째발가락 사이를 눌러 준다.
통증 - 寒에서 온다.
염증 - 熱에서 온다.</td></tr>
<tr><td>곡식</td><td colspan="2">현미, 율무 등</td></tr>
<tr><td>과일</td><td colspan="2">복숭아, 배 등</td></tr>
<tr><td>근과</td><td colspan="2">무 등</td></tr>
<tr><td>야채</td><td colspan="2">파, 마늘, 달래, 배추, 어성초 등</td></tr>
<tr><td>육류</td><td colspan="2">말고기, 생선, 조개류,
동물의 폐·대장 등</td></tr>
<tr><td>조미</td><td colspan="2">후추, 겨자, 박하, 와사비,
고춧가루 등</td></tr>
<tr><td>차, 음료</td><td colspan="2">생강차, 율무차, 수정과 등</td></tr>
<tr><td colspan="3">폐와 대장의 지배 부위</td><td colspan="4">수관절(손목관절), 하완, 가슴통, 코,
피부, 체모, 맹장, 항문</td></tr>
<tr><td colspan="3">폐와 대장이 약한 시간</td><td colspan="4">저녁(15:00~20:00)</td></tr>
<tr><td colspan="3">변의 모양</td><td colspan="4">풀어진다. (대장에 이상)</td></tr>
<tr><td colspan="2">소질</td><td colspan="2">군인, 경찰, 법관, 정치가, 지도자</td><td>궁합</td><td colspan="2">남자 : 木形 여자
여자 : 火形 남자</td></tr>
<tr><td colspan="2">설득 방법</td><td colspan="2">슬프게 하여 동정심을 유발시킨다.</td><td>습관</td><td colspan="2">명령적이며
공갈적이다.</td></tr>
</table>

금金형(폐·대장)의 특징*

금형인은 폐와 대장이 발달된 체질이고 얼굴 모양은 사각형이 뚜렷하여 네모난 얼굴이다. 안색이 하얗고 머리가 작다. 어깨와 등이 작고 배가 작다. 몸이 맑고 마음이 급하고 관리직에 적합하다. 종혁(從革; 종從은 순順을 말하고 혁革은 급격하게 바꾸어 아주 달라지게 함을 말함.) 하는 기운을 갖고 있는 체질로 매사에 정확하고 옳고 그른 것을 가리는 비판 의식과 잘못된 것을 바로잡으려는 의로움으로 의리가 있다.

금金형(폐·대장)의 본래 성격

금형인은 자아가 강하고 목표 지향적이며, 도전에 의해 동기부여가 되는 성향이기에 지도력이 뛰어나고 의사결정을 바르게 하여 결과를 빨리 만든다. 또한 사람들을 통제하고 다스리며 지배하는 카리스마가 있다. 승부욕과 자존심이 강하고 독선적인 성향이 있다. 리더십과 추진력이 뛰어나고 의리가 있고 준법정신이 강하며 공과 사를 구분할 줄 알며 책임감이 뛰어나다. 또한 어려운 문제를 처리

* 김춘식. 『오행색식요법』, 청홍. 2018.

하는 과정에서 에너지를 받고 잘 해결할 수 있는 능력을 지녔다. 정화 에너지와 직관능력이 뛰어나다. 자신이 타인이나 조직으로부터 지나친 간섭이나 통제 그리고 책임과 권한이 제한을 받는다고 느낄 때 스트레스를 받는다. 스트레스 상황이 되면 독재적, 공격적이 되고 성격이 급하여 화를 잘 내기도 하고, 충동적이며 거만함과 권력 지향적인 면을 보이기도 한다.

금金형(폐·대장)의 병든 성격

금金의 기운이 약하거나 넘치게 되면 눈물이 많아지고, 염세주의적이고 비관적이며 자살을 하기도 한다. 동정심이 지나치고 징징짜며 곡소리로 말을 한다. 재채기를 잘 하고 매운 것과 비린 것을 좋아한다. 건조한 것을 싫어하고 애국심과 효성심이 크다. 명령하고 호령하는데 이러한 증상은 저녁과 가을에 더 심해진다.

금金형(폐·대장)의 병이 들었을 때의 육체적 증상

폐는 전신의 기와 호흡을 주관하며, 전신에 필요한 기를 공급한다. 대장大腸은 복중腹中에 위치하여 위로는 소장과 아래로는 항문과 연접하고 있다. 대장은 폐와 표리관계에 있으며 소장에서 넘어선 음식물의 잔사와 잉여수분 중에서 일부의 수분을 다시 흡수하여 찌꺼기는 분변의 형태로 배출한다. 이를 기반으로 폐장, 대장, 폐경, 대장경, 임맥, 손목관절, 하완, 가슴통, 코, 피부, 체모, 맹장, 항문 등을 통치한다. 선천적, 후천적으로 폐와 대장이 약한 경우에는 손 1지와 2지에 이상, 폐종양, 대장종양, 직장종양, 손목 관절통, 하완통, 견비통(대장경 : 옆으로 못 올림), 상치통, 코피, 콧물, 코막힘, 비염, 코 알레르기, 축농증, 두드러기, 피부병(가슴부위 여드름, 백납), 피부알레르기, 아토피, 피부종양 등이 나타난다. 또한 기침, 천식해소, 가슴에 팽만감, 몸에서 비린내, 변비, 치질, 치루, 체모 이상, 장명, 폐결핵, 폐렴, 가슴 답답, 폐기종, 폐결핵, 폐수축, 대장무력(설사), 대장염, 맹장염, 복부 가스, 재채기 증상이 수반된다.

푸드 테라피

금金형인들의 얼굴 형상은 정사각 모양으로 성품 또한 진취적이며 형상과 같이 절도가 있고 주도적이다. 신체 중 발달 장부는 폐와 대장이다. 반대로 오행상극도에 따른 금형인의 약한 장부는 금극목하여 간, 담과 화극금 되지 못하여 심장과 소장의 기운이 약할 수 있다. 간·담을 이롭게 하는 맛에는 고소한 맛(견과류), 신맛(식초, 홍초, 발사믹식초, 삭힌 홍어, 묵은지, 신 김치, 신동치미)이 있다. 또한 푸른색 음식인 푸른 팥, 동부, 매실, 부추, 등푸른 생선(고등어, 청어, 꽁치), 녹즙 등이 간·담 에 이로움을 준다.

심장과 소장에 합당한 맛은 쓴맛으로 원두커피, 홍차, 홍삼, 씀바귀 등이 도움이 된다. 또 붉은색 음식의 수수, 비트, 적포도주, 원두커피, 영지, 홍사과, 홍무, 토마토, 딸기 수박, 당근, 산사, 대추, 앵두, 홍차, 홍삼 등이 도움이 된다.

빠지면 헤어 나올 수 없는 매력, 겨자채

겨자는 오행체질 분류법에서 금金에 해당되는 폐·대장을 이롭게 하는 식품이다.

서양속담에 "미식은 칼보다 많은 사람을 해친다."란 속담이 있고, 한국 속담에는 "밥이 보약이다."라는 말이 있다. 서양의학의 아버지라 칭송되는 히포크라테스는 "음식으로 고치지 못하는 병은 약으로도 못 고친다."고 하였고, 『동의보감』에도 "동북 지방 사람은 소식해서 장수하고, 서남지방 사람은 대식해서 단명한다."라고 했다.

겨자채는 특유의 알싸한 맛을 가진 잎채소로 서양에서는 샐러드로 활용하는 경우가 많다. 우리나라에서는 갓김치, 갓나물, 김장으로 활용하는 경우가 많은데, 특히 전라남도 여수지역의 돌산갓이 유명하다.

겨자채의 일종인 갓은 다른 채소에 비해 단백질을 많이 함유하고 있다. 우리나라 사람들은 곡식을 주식으로 활용하는데, 갓은 무기질과 비타민A·C를 풍부하게 함유하고 있어 주식만으로는 부족한 영양소를 채워 줄 수 있다. 우리가 쉽게 접할 수 있는 갓은 푸른색과 보라색이 많은데, 푸른색 잎은 향이 진하고 매운맛으로 김칫소로 이용되고, 보라색 잎은 동치미나 매운맛을 싫어하는 사람들이 즐겨 먹는다.

재미있는 것은 갓이 여수 돌산읍 우두리 세구지 마을에 70여 년 전에 도입되어 재배하던 것이 개량되어 지금의 돌산갓으로 완성되었다는 점이다. 돌산갓은 한반도 남단의 따뜻한 해양성 기후와 알칼리성 사질토에서 재배되기 때문에 다른 지역의 갓에 비해 섬유질이 적다. 그러니 질감이 부드럽고 매운맛은 적으며, 쉽게 시어지지 않아 그 매력이 오래 지속된다. 또 갓에 함유된 칼슘이 발효과정을 거쳐 젖산과 결합하게 되는데, 젖산칼슘으로 되어 인과 결합하는 과정을 거친다. 이는 뼈의 주성분이 되어 사람의 골격 형성에 중요하게 작용한다. 또한 눈을 밝게 하고, 기침을 그치게 하며, 기를 하강시켜 속을 따뜻하게 하고, 머리와 얼굴에 오는 풍을 예방하는 데 효능이 있다.

『본초강목』에 의하면 "갓은 폐를 통하게 하며 가래를 삭이고, 가슴을 이롭게 하며 식욕을 돋운다."고 하였다.

갓은 뭐니 뭐니 해도 갓김치다. 갓김치를 조금은 색다르게 된장으로 담가 보자.

된장돌산갓김치

돌산갓 2단, 전통된장 4큰술, 고춧가루 반 컵, 오곡가루풀, 천일염, 홍시 2개, 갈은 배 1컵, 생강 한 톨

1. 돌산갓은 다듬어 씻어 건져 주세요.
2. 풀을 쑨 후 식기 전에 된장을 채에 걸러 가며 풀어 주세요. 여기에 고춧가루, 홍시, 갈은 배, 생강을 넣고 자염으로 간을 해 주세요.
3. 식기 전에 돌산갓을 2에 적셔 김치통에 담아 주세요.

김장철에 담가 겨울철 밥상에 올려도 좋지만 묵혀 두었다가 찜통 더위로 인해 입맛은 떨어지고 속은 냉해질 때 이 갓김치를 꺼내 밥반찬으로 먹으면 여름철 보약이 따로 없다.

캡사이신의 대명사, 고추

고추는 오행체질 분류법에서 금金에 해당되는 폐·대장을 이롭게 하는 식품이다.

우리나라에 고추가 전래된 것은 우리가 느끼는 것보다 오래되지 않았다. 지금은 임진왜란 때 일본을 통해 전래된 것으로 추정하는 것이 일반적인데, 사실 일본에서 고추는 식용보다는 관상용이나 독약으로 이용되었다는 기록이 남아 있다. 그러나 현대에 와서 고추는 우리나라 음식에서 결코 빼놓을 수 없는 양념 채소가 되었다. 장아찌와 같은 반찬으로도 활용되고 고기를 먹을 때 곁들여 먹는 생채소로도 활용되지만 김치, 찌개, 갖은양념에 빠지지 않고 등장한다.

『본초강목』에 의하면 "찬 기운을 없애고 습을 말리며, 뭉치는 것을 풀어 주고 소화를 잘 시킨다. 삼초를 통하게 하고 비위를 따뜻하게 하며 명문을 보하고 회충을 죽이고 설사를 멈추게 한다."고 하였다.

고추는 자극성 식품으로 성질이 뜨겁고 매운맛으로 화를 돋우는 식품이다. 각종 염증이나 암癌, 당뇨, 전염병, 폐결핵, 기관지 확장증, 갑상선 항진증이나 열이 많아 입안이 헐고 종기가 나는 사람은 조심해서 먹어야 한다. 그러나 비타민A와 C가 풍부하고 칼슘과 철분 등의 무기질을 풍부하게 함유하는 식품이기도 하다. 매운맛에 들어 있는 캡사이신 성분을 적당히 섭취하면, 혈액순환을 돕고 위액의 분비를 촉진해 식욕을 돋우는 역할을 한다.

정신적으로 피곤하거나 식욕이 떨어질 때는 소화기관의 자극을 촉진하는 고추가 효과를 발휘한다. 스트레스가 강할 때 아주 매운 음식을 찾는 경우가 많은데, 지나친 매운맛은 점막을 자극하고 위궤양의 발생으로 이어질 수 있으므로 역시 주의가 필요하다.

고추의 주성분인 캡사이신을 주목해 볼 필요가 있다. 고추의 톡 쏘는 맛은 고추 내벽에 있는 캡사이신이라는 성분 때문인데, 고추의 씨가 붙어 있는 흰 부분(태자리)에 특히 많이 함유되어 있다. 매운 청양고추엔 일반 고추보다 6배에서 7배 많은 캡사이신이 들어 있으니, 그 정도를 짐작해 볼 만하다. 매운맛에 약한 이들도 풋고추는 즐겨 먹는다. 풋고추는 매운맛이 적으면서도 비타민C가 풍부하게 들어 있어 녹색채소로서도 가치가 있다. 또 우리 몸속의 지방 연소를 촉진하기 때문에 다이어트 식품으로도 주목받는다.

지금 생각해 보면 우스갯소리로 하는 말들이 모두 나름의 일리를 갖추고 있다는 생각이 든다. 감기로 고생하는 사람에게 흔히, 소주에 고춧가루를 타서 마시라고 농담한다. 오행체질 분류법으로 보면 고춧가루는 매운 음식으로 폐·대장을 이롭게 하는 식품이다. 금기金氣가 약해서 생기는 콧물, 감기 등에 효과가 있다. 소주는 강한 화기를 가진 식품으로 순간적으로 열을 발산시킨다. 반면 감기는 냉기가 체내로 들어온 것이다. 그래서 술과 고춧가루를 같이 먹으면, 순간적으로 매운 기운이 체외로 발산되면서 체내에 들어온 냉기를 끌고 나간다. 일리 있는 방법이다. 만약 이 방법으로 감기를 낫고자 한다면, 먹고 나서 바로 따뜻한 이불 속에 들어가 땀을 빼는 것이 좋을 것이다.

식욕을 돋우는 봄나물, 달래

달래는 오행체질 분류법에서 금金에 해당되는 폐·대장을 이롭게 하는 식품이다.

파릇한 봄기운이 들불처럼 퍼져 나가는 3월. 만물은 소생하나 겨울 동안 신선한 채소를 섭취하지 못한 까닭에 우리 몸은 저항력이 약해져 있다. 봄을 타느라 힘들고 나른한 계절, 기력을 회복시켜 주는 풋풋한 봄나물로 건강한 식탁을 꾸며 보자.

> 녹음방초 승화 시綠陰芳草勝花時
> 강상江上에 터를 닦어 구목위소構木爲巢 허여 두고
> 나물 먹고 물마시고 팔을 베고 누웠으니
> 대장부 살림살이 이만 허면 넉넉헌가 ……

초라한 밥상의 상징이었던 '나물'에 관한 시조다. 입춘과 우수를 지나 아직 날선 바람이 차가워도 '주린 배를 채워 줄 나물을 캐려 가난한 사람들이 언덕과 들판에 허옇게 엎드려 있었다'던 서글픈 음식 나물은 영양이 듬뿍 든 자연식이자 최고의 웰빙식품이다. 그 중에서도 달래는 특별하다. 야산에서 쉽게 찾을 수 있으며 특유의 독특한 향미는 입맛을 돋우는 데 최고의 명약이다.

봄의 기운을 전해 주는 달래는 무기질이 골고루 들어 있어 빈혈을 예방한다. 비타민A·B1·B2·C 등 비타민이 골고루 함유돼 있고, 단백질과 지방이 풍부하며 칼슘과 철분 함량이 높아 몸의 균형이 깨지기 쉬운 봄이라는 계절에 노화 방지, 동맥경화 예방에 도움을 준다. 다만 비타민C가 열에 약한 만큼 달래를 날것으로 식초에 무쳐 먹는 것이 효과적인 섭취 방법이다.

한방에서는 달래를 '수채엽睡菜葉'이라 부르는데, 위암을 치료하거나 보혈, 신경안정, 살균, 정력증강에 이용한다. 알칼리성 식품으로 신경 안정제 효과가 있기 때문이다. 또한 생리 불순, 자궁 출혈 등의 부인과 질환에도 효과가 뛰어나니 여성의 몸에 좋은 식품이다.

'러시아 페니실린'이라 불리는, 마늘

마늘은 오행체질 분류법에서 금金에 해당되는 폐·대장을 이롭게 하는 식품이다.

'백문이 불여일식百聞 不如一食'이라 맛은 보이지 않고 설명하기도 어려우니 직접 먹어 본 사람이 아니면 인지하기 어렵다. 한솥밥을 먹는 식구와 고향 친구가 반가운 것도 서로 공유하며 내통하는 맛 때문이 아닐까 싶다.

한국인이 사랑하는 음식 중에 과연 마늘이 들어가지 않는 음식이 있을까? 성질은 따뜻하고 알싸한 매운맛을 지닌 마늘은, 우리 식탁에서 단 한 순간도 빠지지 않는 식품이다. 마늘은 음식 재료로도 훌륭하지만 항암식품으로 세계에 더 널리 알려져 있다.

마늘에는 비타민B1이 풍부하게 함유돼 있고 암의 진행을 늦추는 효과가 있다. 마늘에는 게르마늄이 함유되어 있는데, 게르마늄은 생체 방어 기구 활성화 물질인 인터페론의 생성을 돕는다. 체내에서 이물질을 집어삼키는 대식 세포나 자연 방어 세포를 활성화해 암세포를 억제하거나 공격하게 만들어 항암 효과를 발휘하는 것이다.

마늘은 비위를 따뜻하게 하고 정체되는 것을 잘 통하게 하며, 해독작용과 살균작용이 뛰어나다. 러시아에서는 '러시아 페니실린'이라고 해서 항생 물질 대신 마늘 추출물을 이용하고 있다. 마늘은 세균에 내성이 생기지 않기 때문에 반복해서 사용해도 효과가 유지된다는 장점이 있다. 특히 마늘의 살균 효과는 날것으로 먹거나 익혀 먹어도 똑같이 나타난다.

마늘은 배가 차면서 통증이 있거나 이질과 설사에 효과가 있고, 폐결핵, 백일해, 감기에 효과가 있다. 고혈압, 고지혈증, 동맥경화, 심근경색, 당뇨병, 암, 비만에도 효과가 있다. 구충, 요충에도 효과가 있다. 이렇게 백익百益의 장점을 가진 식품이지만, 단 한 가지 주의할 점은 안과 질환이 있는 사람에게 적합하지 않다는 점이다. 또한 십이지장궤양 증상을 가진 사람은 마늘, 양파, 대파, 생강, 고추와 같이 자극성이 있는 식품은 먹지 않는 것이 좋다. 치질이 있는 사람에게도 좋지 않다.

천연소화제, 무

무는 오행체질 분류법에서 금金에 해당되는 폐·대장을 이롭게 하는 식품이다.

우리나라에는 우리 자신도 다 알지 못할 만큼 다양한 종류의 김치가 전해 오고 있다. 그중에서도 김치 재료로서 다양한 변신을 보여 주는 식품은 단연 무일 것이다. 깍두기, 무김치, 총각김치, 동치미, 나박김치 등의 주재료이자 배추김치의 속을 만드는 데도 꼭 필요한 것이 바로 무다. 비단 김치에만 쓰이는 것도 아니다. 무나물, 무생채, 무조림, 뭇국, 무시루떡 등 다양한 모습으로 변주해 우리 식탁에 오르고 있다.

옛말에 무를 많이 먹으면 속병이 없다고 했다. 녹색이 많은 무는 소화를 돕는 작용(간의 소설기능을 도와 비장의 운하기능을 활발하게 한다.)이 강한 반면 흰색이 많은 무는 가래를 없애고 기침을 멈추게 하는 효능(폐로 작용하여 폐기의 상하운동을 소통시킨다.)이 강한데, 이는 수분과 비타민C가 풍부하기 때문일 것이다. 특히 무의 성분이 보리에 들어 있는 미량의 독소를 중화한다는 것은 본초학의 상식이기도 하다.

겨울이면 무로 담근 동치미를 떠올리는 사람이 많을 것이다. 눈이 소복이 쌓인 항아리 뚜껑을 걷어 내면 드러내는 새콤한 향과, 둥둥 떠 있는 동치미의 모습을 말이다. 무는 겨울철에 아주 좋은 식품이다. 겨울에 무를 먹고 여름에 생강을 먹으면 의사나 약방이 필요없다 했을 정도니, 겨울의 채소라고 해도 좋겠다. 무를 말려 만든 무말랭이에는 비타민과 칼슘, 철, 인 등의 미네랄이 풍부하다. 비타민

무말랭이볶음

무말랭이(가는 채) 100g, 생들기름 2큰술, 집간장 1큰술, 조청 1큰술, 원당 반 큰술, 흑임자

❶ 무말랭이는 물에 씻어 소쿠리에 건져 10분 정도 두면 부드러워져요. (한 번 더 반복해도 좋아요.)
❷ 달군 팬에 생들기름을 두르고 1을 볶아 주세요.
❸ 2를 간장과 조청을 넣고 젓가락으로 헤쳐 주면서 국물이 남지 않을 때까지 조리다가 원당을 넣고 마지막으로 조려 주세요.
❹ 한 김 나가면 흑임자를 뿌려 주세요.

C도 사과보다 많이 함유돼 있다. 무즙에서는 매운맛을 느낄 수 있는데, 이 성분이 살균, 항균, 항암작용을 한다. 그래서 생선회나 구이에 무즙을 곁들이면, 무즙이 산성식품인 생선을 중화해 주는 역할도 한다.

무가 갖는 항암작용도 집중해 볼 필요가 있다. 항암식품에 관심이 높은 우리나라 사람들도 무의 항암작용에 대해서는 생각하지 못하는 경우가 많은데, 일본에서는 이미 1979년 제5차 국제식품과학회의에서 무의 항암작용에 대한 연구 결과를 발표하기도 했다.

무를 말리면 칼슘 흡수에 도움을 주는 비타민D가 생성이 된다. 현대에 와서는 비건(순수 채식) 인구가 증가하고 있는데 비건 친구들이 좋아할 만한 오징어채볶음 맛이 나는 무말랭이 볶음을 만들어 보자.

보약과도 같은 과일, 배

배는 오행체질 분류법에서 금金에 해당되는 폐·대장을 이롭게 하는 과일이다.

배는 예나 지금이나 그 쓰임새가 비슷하다. 기관지에 좋은 식품으로, 독한 감기에 걸린 사람이 있거나 목에 통증이 있고 가래가 끓을 때, 배 속을 파낸 뒤 꿀을 채워 중탕해 약처럼 먹는 방법이 현대에서도 이롭게 쓰인다. 소화 효소가 풍부해 육류에 넣으면 고기가 연해지고 소화가 잘 된다. 지금도 고기를 양념에 재울 때면 배를 갈아 넣는 이유가 바로 여기에 있다. 또 배에는 석세포가 풍부해 변비 해소와 이뇨 효과도 있다. 배가 열과 화를 내리고 진액을 만들며 폐를 윤택하게 하기에, 열병을 앓고 난 후 진액이 부족하고 갈증이 있는 사람에게 좋다. 폐열로 기침이 심하고 가래가 끈적이며 노랗고, 인후가 가렵거나 마르는 사람, 목이 쉰 사람이나 급만성 기관지염에도 효과가 있다. 말을 많이 하는 직업을 가진 사람, 술을 많이 마시는 사람에게도 도움이 된다.

제사와 차례상을 차릴 때면 꼭 한 자리를 차지하는 배. 우리나라에서 배는 삼한시대부터 재배한 기록이 남아 있는데, 크기가 크고 맛이 달게 잘 익은 배는 지금도 여전히 비싼 가격에 거래되고 있다.

『본초강목』에서는 배에 대해 "폐를 윤택하게 하고 심장을 시원하게 하며, 담을 없애고 화를 내리며, 창독을 없애고 주독을 해결한다."고 하였다.

재미있는 것은 배를 생으로 먹을 때와 익혀서 먹을 때 그 효과가 다르다는 점이다. 생것은 성질이 차서 열을 내리고 화를 내리는 작용이 강하다. 때문에 여름철에 먹으면 도움이 된다. 익혀서 먹을 때는 진액을 만들고 자음 효과가 강하다. 그러니 내 체질과 증상, 외부 계절까지 고려해 배의 복용 방법을 달리하면 그 효과는 배가 될 것이다.

추운 겨울 비타민을 보충해 주는, 배추

배추는 오행체질 분류법에서 금金에 해당되는 폐·대장을 이롭게 하는 식품이다.

우리나라 사람이라면 누구나 배추를 떠올리면 김장을 연상할 것이다. 추운 겨울, 식탁 위의 반찬이 되어 주고 비타민 공급책이 되어 우리의 건강을 지켜 준 배추김치는, 예부터 지금까지 초겨울이면 빠지지 않는 우리 삶의 일부인지 모른다.

옛날에는 특히 겨울에 싱싱한 과일과 채소를 구하기가 어려웠다. 이는 사람의 몸에 비타민을 공급해 주지 못하는 현상으로 이어져 건강에 문제를 일으켰다. 배추에 들어 있는 비타민C는 특히 겨울철에 필요한 영양분인데, 감기의 예방과 치료에 큰 효능을 가진 영양성분이기도 하다. 또 비타민C는 추위를 잘 견디게 하고 질병에 대한 저항력을 증강하는 효력도 있다. 그래서 지금도 면역력을 떨어뜨리지 않기 위해서 비타민을 찾아 복용할 때 가장 먼저 선택하는 것이 비타민C인 것이다. 배추는 침의 분비를 원활하게 만들어 소화를 돕는 역할도 한다. 특히 김장배추는 겨울에 부족하기 쉬운 비타민과 섬유질을 보충해 주니 얼마나 고마운 존재인가. 사시사철 녹

발우공양용 텀벙김치

배추 5포기, 무(中) 2개, 홍시 5컵, 배 3개, 갓 1단, (미나리), 생강, 고춧가루 6컵, 소금, 집간장 2컵, 오곡가루 500g, 채수 20컵

1. 소금과 물을 1:5로 풀어 주세요.
2. 배추는 열십자로 칼집만 넣어 주세요.
3. 2를 1에다 한 시간 정도 담가 두었다가 배추가 약간 부드러워지면 열십자로 칼집 낸 곳을 벌려 4등분해 주세요.
4. 3을 다시 1의 소금물에 7~8시간 푹~ 담가 주세요.
   (배추가 반으로 구부려지면 적당히 절여진 상태입니다.)
   (갓은 살짝 절여 놓습니다.)
5. 홍시는 씨를 빼고 으깨 주세요.
6. 무와 배는 강판에 갈아서 고춧가루를 혼합해 주세요.
7. 오곡가루로 죽을 쑤어 식혀 주세요.
8. 7에다 6과 5를 혼합해 놓고 생강, 소금, 간장을 넣고 간을 맞춰 주세요.
9. 배추를 양념에다 텀벙텀벙 담갔다가 건져 1/3정도 끝부분을 접어 겉잎으로 싸고 갓이나 미나리로 묶어 주세요.

황색 채소를 얻을 수 있는 지금도 배추의 효능은 달라지지 않았다.

배추는 위와 장을 잘 통하게 하고 중초를 편안하게 만든다. 대변과 소변을 잘 나오게 만들어 숙취 제거에 좋고, 혈 지방을 낮추고 열을 내리는 작용도 한다. 위장의 기운이 약해 생기는 위궤양이나 소화불량, 대변이 건조해 생기는 변비에도 적합한 식품이다. 심혈관 질환과 당뇨, 비만에 좋고, 성장발육에 있는 어린이에게도 좋은 식품이다. 유선암의 발병 위험을 낮추는 효과도 있으니 어떻게 외면할 수 있을까?

사찰에서 스님들은 발우공양을 한다. 발우공양을 할 때는 어른 스님부터 행자까지 모두 한 곳에 모여 공양한다. 이때 김치에 속을 채 썰어 넣은 김치는 공양하면서 떨어질 염려가 있다. 그래서 사찰에서는 속 재료를 모두 갈아서 텀벙텀벙 적셔 김치를 담그는데, 이 때문에 '텀벙김치'라고 부른다. 그 맛은 깔끔하고 시원하기가 이루 말할 수 없는데, 오신채(파, 마늘, 달래, 부추, 흥거)가 들어가지 않아 김치가 무르지 않는다. 묵은지로 몇 년을 두어도 아삭함을 유지하기에, 꼭 사찰이 아니어도 묵은지를 담글 때 활용하면 좋다. 발우공양용 텀벙김치 담그는 법을 배워 보자.

불로장생을 상징하는, 복숭아

복숭아는 오행체질 분류법에서 금金에 해당되는 폐·대장을 이롭게 하는 과일이다.

흔히 피부미인이 되고 싶으면 복숭아를 잊지 말라는 말이 있다. 달콤한 향이 일품인 복숭아는 수분과 비타민이 풍부해 피부 건강에 좋기 때문이다. 중국에서는 예부터 불로장생을 상징하는 과일로 귀하게 여겼는데, 중국 고사에 등장하는 복숭아나무 역시도 대부분 장수나 힘과 연결해 서술하고 있다.

복숭아는 몸을 보호하는 효과가 뛰어나고 간 기능을 강화하며, 눈을 밝게 하는 효과가 있다. 비타민A와 C, 펙틴, 칼륨이 풍부해 피로를 푸는 데 탁월한 효능을 보이며, 폐 기능을 강화해 대장을 부드럽게 한다. 혈액순환을 도와 어혈을 풀어 주고 저항력을 높여 주니, 중국에서 불로장생을 상징하는 과일로 삼을 만하다. 저혈당, 심장의 혈 부족, 혈중 칼륨 부족, 철결핍성 빈혈에도 효과가 있는데, 수종이나 갈증이 있을 때, 생리통에도 좋은 식품이다.

『동의보감』에서는 복숭아의 미독을 염려했다. 많이 먹는다고 좋은 과일이 절대 아니며, 사람에 따라서는 알레르기 반응을 일으키기도 한다. 생각보다 복숭아 알레르기를 가진 사람은 쉽게 볼 수 있다. 그래서 음식은 알고 먹어야 한다. 식품의 성질도 알아야 하지만 내 몸의 체질을 알고 바른 먹거리를 고르는 것이 건강하고 즐겁게 살아가는 첫 번째 조건이 될 것이다. 아무리 불로장생의 열매라 부른들 무엇 하겠는가? 내 체질에 맞지 않는다면 나에게는 독약과 다름이 없다.

멀미방지에 탁월한, 생강

생강은 오행체질 분류법에서 금金에 해당되는 폐·대장을 이롭게 하는 상약이다.

사찰음식에서는 오신채를 사용하지 않는 대신 생강은 필수 양념으로 쓰인다. 생강은 아주 오래된 식자재다. 중국 의학서에는 이미 2천 년 전에 생강에 대한 기록이 나와 있고, 한의학에서는 거의 절반 정도의 처방에 생강이 사용될 만큼 많이 쓰이는 중요한 약재다. 동양에서는 뱃멀미 방지를 위해 생강을 쓰기도 했으며, 식욕을 잃었을 때 먹는 약에도 생강을 빠뜨리지 않았다.

다산 정약용은 『목민심서』에서 "중풍에도 생강즙이 좋고, 감기에는 생강을 씹어 먹은 뒤 땀을 내면 효과가 있다."라고 했다.

생강은 오랜 세월 약으로 쓰일 만큼 효능이 뛰어나다. 본디 따뜻한 성질을 가진 식품이지만 날생강은 표면으로 작용하고 마른생강(건강)은 안으로 들어간다. 생강은 고기를 부드럽게 하고 비린내를 없애는 작용이 있어 육류와 생선 요리에 두루 쓰인다. 생강에는 무기질이 풍부하게 함유돼 있고, 40~60% 정도의 전분과 향미, 신미 성분이 들어 있어 간장 활동을 원활하게 한다. 생강 특유의 매운맛은 진저롤gingerol과 시네올cineol에 의한 것인데, 말초혈관의 혈액순환을 도와 몸이 따뜻해지고 땀을 내게 한다.

생강은 또 항암 효과도 갖고 있다. 일본 기후대학 의학부 모리히데 도오루 교수팀의 실험 결과를 보자. 280마리의 쥐를 여섯 그룹으로 나누어 대장암 유발물질을 정기적으로 주사했다. 이후 치료법으로 몇 가지 식품의 추출물을 투여했는데, 그중 진저롤을 투여한 그룹의 암 발생률이 가장 낮게 나타났다.

생강을 섭취할 때 꼭 주의해야 할 사항이 있다. 물론 모든 음식이 그러하지만 생강이 부패하면 독성 물질을 생성한다. 이 독성은 간세포를 변형해 죽게 만들고 암세포로 변형을 유도하기 때문에 부패한 생강은 미련 없이 버리는 것이 좋다.

나는 다양한 식자재의 효능과 역할을 소개하고 있다. 중요한 것은 식품의 영양 성분을 온전히 활용하기 위해서는 제철에 나고 쓰임에 맞는 재료를 골라야 한다는 것이다.

까도 까도 새로운 속살을 드러내는, 양파

양파는 오행체질 분류법에서 금金에 해당되는 폐·대장을 이롭게 하는 식품이다.

미국 텍사스 주립대의 MD앤더슨 암센터의 암환자 치유 프로그램을 본 적이 있다. 물론 현대의학의 암 치료법인 화학요법도 당연히 있겠지만, 중의학 즉 한의학을 중심으로 한 대체의학요법(alternative medicine system), 식물을 이용한 약초요법(herbal/plant biologic therapies), 식물 이외의 천연물 이용요법(non-plant biologic therapies), 영양, 식이요법(거슨요법이나 마크로비오틱법 등), 수기요법(Manipulative & body-basedmethods), 심신 어프로치(mind-body approaches) 등 전 세계의 다양한 자연치유법들을 선택할 수 있는 프로그램들로 채워져 있었다.

병의 치유를 등산에 비유한다면 산 정상에 오르는 것(치유)은 본인이 하는 것이고, 의사는 단지 등반 과정을 도와주는 셀파의 역할을 할 뿐이다. 남의 생명을 좌지우지하는 전지전능한 사람은 아닌 것이다.

양파는 갖은양념에서 빼놓을 수 없는 중요한 식품이다. 정말 다양한 음식에 다양하게 활용되기에 어느 한 가지 활용법을 콕 짚어낼 수 없을 정도다. 양파를 떠올리면 가장 먼저 생각나는 건 눈물이다. 양파를 까거나 썰 때 대부분의 사람은 눈물이 고이는 경험을 했을 것이다. 이는 항산화력을 갖는 유황 화합물인 황화프로필 때문이다. 우리를 눈물짓게 하지만, 사실 이 성분이 최근 발암 억제 물질로서 주목을 받고 있다. MD앤더슨 병원의 연구진들이 양파의 황화프로필을 분리했는데, 이 물질이 실험 결과 발암성 물질의 활성을 저해하는 것으로 밝혀졌다. 또 하버드대학의 연구진들은 동물의 구강암 세포에 양파의 추출물을 넣어 암세포 증식이 억제되는 결과를 얻었다. 이 같은 결과들은 양파의 추출물이 독성 없는 자연물질로써 암 예방에 효능이 있다는 점을 시사한다.

양파는 위를 튼튼하게 하고 기운을 조절하며 해독작용, 살충작용을 하는 식품이다. 혈압과 혈당을 낮추는 것은 물론 풍부한 칼슘 함량으로 골다공증에도 좋은 식품이다. 건강식품으로 양파즙을 애용하는 이들이 많은데, 양파가 혈액을 묽게 만들어 끈적이지 않고 잘 흐르게 해 주기 때문이다. 우리 몸에 혈액과 산소의 공급을 원활하게 해 주는 효과가 있으니 얼마나 고마운 존재인가?

양파는 육고기와 배합하면 맛과 영양적인 면에서 효과가 있으며, 고기의 느끼한 맛을 없애 준다. 하지만 생선과 양파를 동시에 배합하면 양파에 들어 있는 초산이 생선의 단백질을 파괴하는 결과로 이어진다. 단백질을 파괴했으니 찌꺼기가 생겨 소화가 안 되는 것은 당연하다. 그러니 양파는 생선보다는 육고기와 어울리는 식품이다.

식품이란 그 쓰임에 따라 효능도 달라지기 마련이다. 그래서 우리는 식품의 본디 성질과 특징을 알아야 하는 것이다.

아토피에 뛰어난 효과를 선물한, 어성초

어성초는 오행체질 분류법에서 금金에 해당되는 폐·대장을 이롭게 하는 식품이다.

어성초의 이름은 참 서글프다. 본래 '약모밀'이라는 이름을 갖고 있었지만, 잎에서 비린내가 난다고 해서 어성초라는 이름이 생겨났다. 어성초는 잡초와 같은 왕성한 번식력을 자랑하는데, 어혈을 풀어 주며 살균 효과가 뛰어나다. 이 때문에 아토피 증상에 좋다고 알려지면서 놀라운 주목을 받기 시작했다.

사실 어성초의 대표적인 효능을 꼽자면 단연 해독작용과 소염작용이다. 섭취한 독성 물질, 몸속에 생긴 독이나 세균 독까지 없애 준다고 알려졌으며, 소염작용 또한 훌륭해 먹어도 되고 발라도 된다고 한다. 그래서 농사의 살균제로 쓰이고, 돼지나 닭과 같은 가축에게 어성초를 먹여 살균제의 역할을 하게 하는 곳도 있다.

어성초는 여성에게 좋다고 알려졌는데, 쿠에르치트린이란 성분이 풍부해 모세혈관을 확장하고, 피부를 맑게 해 주며, 피부 트러블 완화에 도움이 된다고 한다. 그래서 아토피가 있는 사람들은 식자재로도 활용하고, 어성초를 끓여 물에 섞어서 몸에 뿌리거나 목욕하는 데 사용하기도 한다. 해열, 배농작용이 뛰어나 폐농양으로 인한 기침, 피고름, 폐렴, 급만성기관지염, 장염, 요로 감염증, 종기에 쓴다. 다만 꼭 알아야 할 점은 어성초는 찬 성질이라서 많이 먹으면 소화력이 약해지고 오히려 체력이 떨어질 수도 있다.

어성초는 우리의 실생활에서 유용하게 쓸 수 있다. 무좀에는 식초에 어성초잎을 담가 열흘 정도 두었다가 뜨거운 물에 약하게 타서 무좀 부위를 담그면 좋다. 또 여드름, 축농증, 변비, 상처에도 효과가 좋아, 일부는 마시고 일부는 얼굴에 바르면 여드름 치료에 효과를 보인다. 또 모세혈관의 기능을 돕고 튼튼하게 하는 효과도 있는데, 과잉 복용하면 심장마비를 일으킬 수도 있으므로 조심하는 것이 좋다. 언제나 넘치는 것이 문제다.

붓기를 빼고 이뇨작용을 돕는, 율무

율무는 오행체질 분류법에서 금金에 해당되는 폐·대장을 이롭게 하는 곡식이다.

율무는 이뇨작용이 좋아 부종을 가라앉히고 만성신염에도 효과가 있다. 습기를 제거하는 효과도 뛰어나 습으로 인해 저리고 아프거나 근육 경련에 의한 통증을 완화한다. 식욕을 북돋우고 소화를 도와주는데, 장마철이나 근육통으로 고통스럽다면 식탁에 율무를 올려 보는 것을 권한다. 정신적으로 감정의 기복이 커서 발생하는 발작적이고 반복적인 통증에 효능이 있으니 심신이 모두 건강해지는 것을 느낄 수 있을 것이다. 다만 고대 의학자들은 임산부에게 율무를 먹지 말라고 했는데, 습관성 유산 경험이 있는 사람에게 율무가 좋지 않기 때문이다. 이 같은 기록은 원나라 때 쓰인 『음식수지』, 청나라 때 쓰인 『수식거음식보』에서도 찾아볼 수 있다.

율무는 곡물 중에서도 영양가가 가장 높은 곡물이다. 백미에 비교해 단백질 2배, 지방이 4.5배, 철이 5배, 칼슘이 2배, 칼륨이 3배,

비타민B1이 2배, 비타민B2가 3.7배가 많다. 백미에 비교하니 율무의 영양가는 더욱 높아 보인다. 율무는 풍부한 단백질과 지질 함량으로도 잘 알려져 있는데, 특히 단백질에는 갑상선 호르몬과 부신피질 호르몬의 원료가 되는 아미노산인 티록신thyroxine이 들어 있다. 고칼로리 식품이지만 살 찔 염려는 하지 않아도 된다. 율무가 부스럼을 없애고 피부 미용에 좋다는 사실도 익히 알려져 있다. 지금은 율무로 피부에 얹는 팩을 만들어 활용하는 사람도 많다. 닭살 같은 피부, 사마귀, 기미, 주근깨, 여드름을 없애는 데 효능이 있어 여성들에게 사랑받는 곡식이기도 하다.

현대에는 율무가 혈압과 혈당을 낮추고 암세포의 성장을 억제하는 효능이 있다는 것이 증명됐다. 특히 위암, 대장암, 자궁경부암에 효과가 있다고 하니, 혹 가족 중에 같은 병력으로 고생한 이가 있다면 율무의 활용법을 고민해 보는 것이 좋겠다. 율무를 자주 섭취하면 면역력이 강해진다. 면역력의 중요성이 강조되는 요즘, 율무를 즐겨 보는 건 어떨까?

스님들의 기氣 보충제, 제피와 산초

제피와 산초는 오행체질 분류법에서 금金에 해당되는 폐·대장을 이롭게 하는 산야초이다.

산초라는 이름은 들어 봤어도 제피라는 이름은 생소한 이들이 많을 것 같다. 사실 두 식품의 쓰임은 상당히 비슷하다. 제피는 경상도 지역에서 추어탕을 끓일 때 미꾸라지의 비린내를 없애기 위해 주로 사용하는 식품이다. 제피는 열매가 익으면 껍질이 터져 까만 씨앗이 밖으로 튀어나오는데, 열매와 껍질을 향신료와 약으로 쓰고 씨앗이나 어린잎, 나무줄기도 여러 용도로 사용된다. 산초는 제피와 비슷한 쓰임을 갖지만 열매만 먹는다는 특징이 있다.

산초는 열매가 아직 파랗고 껍질이 벗겨지지 않았을 때 장아찌나 차를 담근다. 씨는 기름을 짜 기관지염이나 중풍을 치료하는 약으로 쓴다. 반면 제피는 잎을 따 장아찌, 장떡, 찌개 등에 활용하고, 제피 열매는 말려서 껍질을 살짝 볶아 가루로 만들어 사용한다. 사찰식 약선요리에서 제피는 후춧가루와 겨자를 능가하는 천연 향신료이자 훌륭한 약재로 쓰인다. 약이 귀했던 시절에는 제피가 구충제인 동시에 중풍, 해독, 진통, 건위 등의 약으로도 쓰였다. 또한 채식으로 인해 추위와 더위에 약해지기 쉬운 것을 예방해 주는 역할도 한다. 제피나무 열매의 매운맛은 산쇼올sanshool 성분에서 비롯된다. 제피나무에는 정유 성분이 2~6% 들어 있는데 그중에는 매운 성분인 산쇼올이 8% 정도 차지한다. 특히 겉껍질에 많이 들어 있는데 항균, 이뇨, 혈압강하 작용 효과가 있다. 음식물의 산패 방지에도 효과가 있는데 김치 담글 때 넣으면 빨리 쉬는 것을 예방할 수 있다. 고추가 우리나라에 들어오기 전에는 고추를 대신했다고도 하니 현대에 이르러 그 쓰임이 적어진 것이 아쉬운 식품이기도 하다.

산초와 제피를 혼동하는 경우는 많다. 하지만 우리나라와 일본이 원산지인 운향과의 낙엽활엽관목인 제피나무Japan Pepper와 산초나무Peppertree Prick-lyash는 잎과 가시를 보면 금방 구분할 수 있다. 실제로 산초잎은 독성이 강해 먹을 수 없지만, 옛날에는 어린아이들이 개울가에서 물고기를 잡을 때 산초잎을 짓찧어 풀어 놓으면 물고기가 마취 되어 둥둥 뜨면 뜰채로 고기를 건졌다. 물론 잠시 시간이 지나면 고기는 마취에서 풀려 살아난다.

제피와 산초는 여전히 우리나라 산에서 자생하는 소중한 식재료다. 시대가 달라짐에따라 그 쓰임이 줄어들고 있는데, 이렇게 시간이 흘러 그 쓰임이 사라질까 두렵기도 하다. 제피와 산초, 그 독특한 매력의 재료를 기억하고 활용할 사람이 더 늘어났으면 하는 것은 그저 내 바람일까.

4천여 년의 역사를 가진, 현미와 쌀

현미는 오행체질 분류법에서 금金에 해당되는 폐·대장을 이롭게 하는 곡식이다.

현미가 건강에 좋다는 것은 이제는 누구나 다 안다. 특히 가장 더운 여름에 자라는 쌀은 자라는 과정에서 가장 많은 음기(물)와 양기(햇빛)를 필요로 하기 때문에 음양의 기운이 가장 충만한 곡식이다. 그래서 한자인 '기운 기氣' 자에는 쌀을 의미하는 '쌀 미米' 자가 대표로 들어가 있다.

이 '미米' 자는 팔방으로 뻗어나는 빛(불)을 상징하는 기호이다. 그런데 우리는 이 쌀을 도정하여 겉껍질과 속껍질을 다 까 버리고 하얀 속살로만 밥을 지어 먹는다. 현미를 그대로 먹으면 조금만 먹어도 되고 균형이 딱 맞을 것을 - 먹어야 될 것은 다 버리고 - 흰쌀로 밥을 지어 많이 먹기 때문에 균형이 깨지는 것이다.

그래서 한자로 백미를 '粕 지게미 박'이라고 한다. 즉 흰밥을 먹는 것은 진짜는 버리고 찌꺼기만 먹는 것을 말한다. 현미를 연구하는 학자들의 연구 결과를 보면 현미에는 없는 영양소가 거의 없다. 특히 우리 몸에서 만들어지지 않아 반드시 외부에서 섭취해야 하는 여덟 가지 필수아미노산까지 모두 들어 있다는 것도 밝혔다.

철새들은 한번 비행을 하기 시작하면 목적지에 도달할 때까지 수만 리의 길을 쉼 없이 날아간다. 작은 날개에 숨겨진 놀라운 힘의 원동력은 옥타코사놀octacosanol이라는 에너지원 덕분인데, 적은 양이기는 하지만 쌀의 배아와 밀랍에 바로 이 옥타코사놀이 함유되어 있다. 우리는 쌀을 가공할 때 나오는 현미유를 통해서 옥타코사놀을 얻는데, 사탕수수나 밀에서 추출하는 수입 옥타코사놀에 비해 인체를 활성화하는 기능이 훨씬 뛰어난 것으로 알려져 있다.

백미도 현미도 같은 벼에서 나오는 쌀인 것은 분명한데, 그 영양 성분에는 큰 차이가 있다. 현미에는 적혈구 생성에 중요한 역할을 하는 비타민B군, 엽산, 철분이 많이 들어 있어, 현미 1그릇이 백미 19그릇을 먹는 것과 같은 효과를 낸다. 재미있는 사실은 쌀 속의 지방, 탄수화물, 단백질 등 영양소 95% 이상이 쌀겨와 쌀눈에 집중되어 있다는 점이다. 백미는 이런 영양소가 모두 떨어져 나간 상태이니, 현미에 함유된 영양소에 비교할 수 없는 것이다. 비타민과 지방은 쌀의 배아에 많이 함유돼 있는데, 특히 비타민E는 배아에만 함유되어 있다. 이런 사실을 알고 나면 왜 백미보다 현미를 섭취할 것을 권하는지 잘 알게 된다.

현미의 씨눈에는 피틴산phytic acid이라는 성분이 들어 있다. 이는

현미 오꼬노미야끼&두부마요네즈

현미밥 1공기, 양배추 250g, 부추 200g(또는 양파), 연근 또는 감자 200g, 자염(소금) 약간, 현미유 & 참기름, 김 약간 또는 명주다시마

소스 : 집간장 1큰술, 조청 2.5큰술, 생수 1큰술

두부마요네즈 : 부침용 두부 1/2모, 현미유 1큰술, 유채유 1큰술, 조청 1큰술, 자염(소금) 반 작은술, 생강 약간

❶ 양배추는 곱게 채 썰고, 양파는 굵게 다져 볼에 함께 넣어 자염을 뿌려 버무려 주세요.
❷ 현미밥은 나무공이로 다지고, 연근은 강판에 갈아 1과 함께 섞어 반죽을 해 주세요. (밥은 그냥 해도 좋아요.)
❸ 팬에 기름을 두르고 2의 반죽을 둥근 모양으로 만들어 양면을 고소하게 구워 주세요.
❹ 냄비에 소스 재료를 넣고 끓여 주세요.
❺ 볼에 두부마요네즈 재료를 넣고 블렌더로 혼합해 주세요.
❻ 3에 소스와 두부마요네즈를 바른 후 채 썬 김 또는 명주다시마를 얹어 주세요.

인체에 축적되기 쉬운 중금속을 배설시키는 작용을 한다. 또 섬유질이 풍부해 장의 연동 운동 작용을 활성화해 변비를 예방하고, 장내 노폐물을 제거해 혈중콜레스테롤 수치를 떨어뜨리는 효과도 있다. 또 대변의 양을 증가시키고 대변의 장내 통과 시간을 단축해 주

는데, 이는 대장암을 예방하는 중요한 작용이다.

쌀밥에도 오행五行이 들어 있는 법이다. 쌀은 흙에서 나오므로 토기土氣, 밥을 짓는 금속의 솥은 금기金氣, 밥물은 수기水氣, 밥을 익히는 불은 화기火氣, 불을 지피는 나무는 목기木氣에 해당되니, 오행이 밥 한 그릇에 다 들어 있는 셈이다. '밥이 보약'이다.

5장

수水형 체질

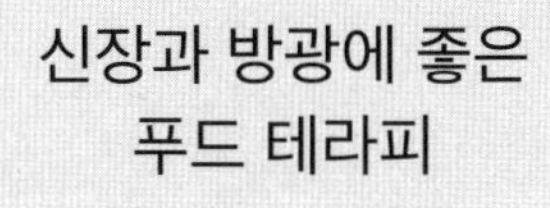

신장과 방광에 좋은
푸드 테라피

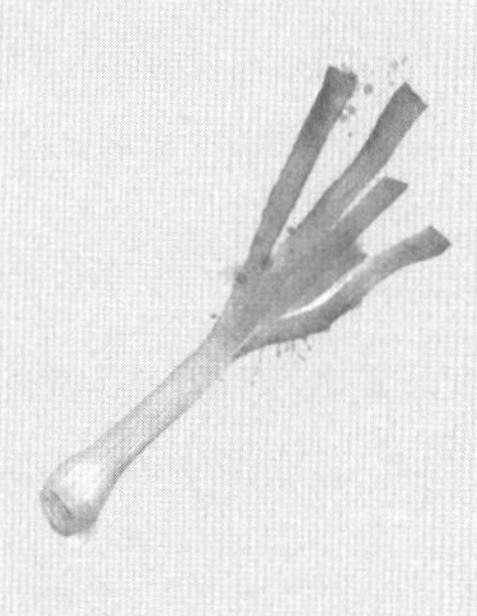

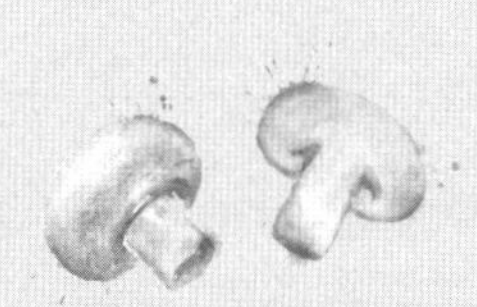

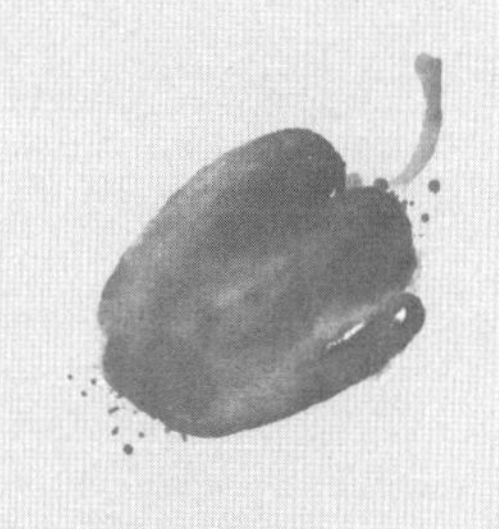

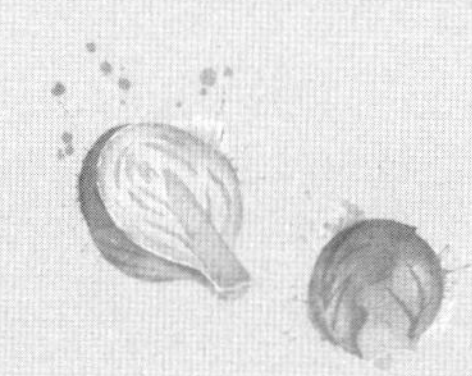

수水형 체질

<table>
<tr><td rowspan="4"></td><td>큰 장부</td><td>신장, 방광</td><td colspan="2">짠 것</td></tr>
<tr><td>작은 장부</td><td>심장, 소장, 비장, 위장</td><td colspan="2">단 것과 쓴 것</td></tr>
<tr><td>체형</td><td>다리가 짧고,
치아가 튼튼하다.</td><td>방향</td><td>北</td></tr>
<tr><td>얼굴형</td><td>턱이 넓고 이마는 좁다.</td><td>수</td><td>1, 6</td></tr>
<tr><td>相克</td><td colspan="2">水生木</td><td>계절</td><td>겨울</td></tr>
<tr><td>강한 형</td><td colspan="2">水木形</td><td>약한 형</td><td>火土形</td></tr>
<tr><td rowspan="8">영양 식품</td><td>맛</td><td>짠맛, 고랑내, 지린내 나는 맛</td><td colspan="2" rowspan="8">등산 시에 숨이 찰 때 :
- 심장에 열이 받음.
- 처방(물푸레 나뭇잎을 먹는다.
진달래꽃을 먹는다.)
(심장의 열을 낮춰 주는 역할)</td></tr>
<tr><td>곡식</td><td>콩, 서목태(쥐눈이콩) 등</td></tr>
<tr><td>과일</td><td>밤, 수박 등</td></tr>
<tr><td>근과</td><td>마 등</td></tr>
<tr><td>야채</td><td>미역, 다시마. 김, 콩떡잎 등</td></tr>
<tr><td>육류</td><td>돼지, 해삼, 녹용, 콩팥,
멸치, 젓갈류 등</td></tr>
<tr><td>조미</td><td>소금, 죽염, 간장, 치즈,
된장, 두부 등</td></tr>
<tr><td>차, 음료</td><td>베지밀, 두향차, 두유 등</td></tr>
<tr><td colspan="2">신장과 방광의 지배 부위</td><td colspan="3">생식기, 신경, 발목관절, 허리, 정강이,
귀, 뼈, 골수, 힘줄, 치아, 음부, 머리털, 침</td></tr>
<tr><td colspan="2">신장과 방광이 약한 시간</td><td colspan="3">밤(21:00~24:00)</td></tr>
<tr><td colspan="2">변의 모양</td><td colspan="3">검은 색이다. (신장에 이상)</td></tr>
<tr><td>소질</td><td colspan="2">과학자, 수학자, 기술자, 음악가</td><td>궁합</td><td>남자 : 火形 여자
여자 : 土形 남자</td></tr>
<tr><td>설득 방법</td><td colspan="2">공갈 협박하면 무서워서 응함.</td><td>습관</td><td>건설적인 의견을
제시한다.</td></tr>
</table>

수水형(신장·방광)의 특징*

수水형인은 신장과 방광이 발달된 체질이다. 수형인들의 얼굴 모양은 삼각형을 세워놓은 것과 같이 턱이 넓고 이마는 좁다. 안색이 검고 얼굴이 평평하지 않으며 머리가 크고 턱은 각이 졌다. 어깨가 작고 배가 크며 손발이 잘 움직인다. 걸을 때 몸을 흔들며, 꽁무니까지 길이가 길어서 등이 길다. 물이 아래로 흐르듯 윤하潤下하는 기운을 갖고 있는 체질이다.

수水형(신장·방광)의 본래 성격

수水형인은 웅크리며 나서지 않고, 기다리고, 참고 견디며, 감추고 저축한다. 가만히 혼자 있고 싶어 하는 조용한 성격에 입이 무겁고 말수가 적어 내성적이다. 또한 비밀을 잘 지키며 지혜롭다. 과학적이고 수학적이어서 연구 개발하여 건설적인 의견을 제시한다. 또한 연하고 부드러운 분위기를 조성하는 성격이 있다. 지구력이 좋으며 원리 원칙의 기준을 잘 지키고, 섬세하며 장단점을 잘 파악하

* 김춘식. 『오행색식요법』, 청홍. 2018.

여 분석을 잘 하며 일을 정확하게 한다. 수준 높은 질과 정확성이 필요할 때 동기부여를 받게 되며, 예의 바르고 충성스럽다. 예민함과 자존감이 높고 창의성이 강하며 도덕적이고 논리적이며 질적 가치를 중시하는 보수적이고 완벽한 성향이다. 창조 에너지와 방어력을 갖고 있는 반면에 비판적이 될 수 있고, 융통성과 아량이 없을 수도 있으며 내성적이라 비사고적이다. 참견을 싫어하며 소란스러운 것을 싫어한다.

수水형(신장·방광)의 병든 성격

수기水氣가 약하거나 넘치게 되면 반대하고 반항하고, 저항하고 부정적이며 개혁하고 혁명하며 엎어 버린다. 안 되는 것은 된다 하고, 되는 것은 안 된다고 한다. 엄살을 부리고 궁상을 떨며 핑계 대고 놀고먹는다. 책임을 전가하고 공갈협박하며 공포증이 있고 무서워하고 겁이 많다. 이러한 증상은 밤과 겨울에 더 심해진다.

수水형(신장·방광)이 병이 들었을 때의 육체적 증상

신장은 선천지정과 오장에서 생성된 후천지정을 저장하여 인체의 성장발육과 생식을 주장하며, 모든 장부의 근원이 된다. 또한 인체의 수액대사와 납기를 주관하고, 설하선에서 공급하는 타액과 치아 및 골, 골수, 뇌를 주관한다. 이를 기반으로 신장은 정기를 저장하고, 성장과 발육을 돕고 생식능력과 생식기능을 담당한다. 귀를 열게 하고 청력을 갖게 하며, 뼈를 강건하게 하여 골수와 뇌를 소통하게 한다. 체액은 타액(침)이며, 신장의 건강 정도는 모발에 나타난다. 장상학은 신장, 방광, 생식기, 발목관절, 허리, 종아리, 오금, 귀, 뼈, 힘줄, 치아, 음부, 머리털, 타액(침) 등에서 증상이 나타난다. 발 5지 이상, 하품을 잘 하고 식욕부진, 얼굴이 검고, 신음소리로 말한다. 또한 후두통(뒷골이 당김), 신허요통(지실), 오금통, 종아리통, 족관절통, 소변이상(소변 빈삭, 소변 불통, 소변 거품), 안압 증감(눈알이 빠질 듯), 귀 기능 약화로 이명(웅~하는 소리), 청력 저하(가는귀먹고), 중이염, 뇌수이상(거두증), 골수염, 골다공증, 신장성고혈압(혈압이 등 뒤에서 앞으로 넘어가는 느낌), 썩은 냄새, 신석증, 신부전증, 배꼽 아래 딱딱한 덩어리(자궁 부위) 등의 증상이 나타난다. 또 신장성 당뇨(2차성 당뇨), 혈뇨, 단백뇨, 요도염, 신우신염, 방광염, 신장종양, 방광종양, 생식기 혹(물혹, 자궁내벽증, 자궁근증), 생식기 종양(자궁종양, 난소종양, 고환종양), 부(수)종(주로 하체 부종), 부신피질 이상, 적혈구 이상, 안압조절 이상(근시, 원시), 피부습진, 무좀, 수포성 무좀, 불임증, 생리통(생리불순, 냉대하) 등이 수반된다.

푸드 테라피

수水형인들의 얼굴 형상은 화형과 반대로 삼각형의 모양으로 내성적이며 신중하고 논리적이다. 신체 중 발달 장부는 신장과 방광이다. 그러나 반대로 오행상극관계에 따른 수형인의 약한 장부는 수극화하여 심장, 소장과 토극수 되지 못하여 비·위장이 약할 수 있다. 심장과 소장에 합당한 맛은 쓴맛으로, 원두커피, 홍차, 홍삼, 씀바귀 등이 도움이 된다. 붉은색 음식의 수수, 비트, 적포도주, 영지, 홍사과, 홍무, 토마토, 딸기, 수박, 당근, 산사, 대추, 앵두, 홍차,

홍삼 등도 도움이 된다.

또한 비장과 위장을 이롭게 해줄 수 있는 음식으로는 단맛, 찰진 맛, 향내나는 맛을 들수 있는데 이는 기장, 찹쌀, 참외, 호박, 감, 대추, 고구마, 감초, 칡 등이 있다. 색으로는 노란색 음식의 기장, 노란 메주콩, 참외, 단감, 늙은 호박, 단호박, 감자, 조, 옥수수, 바나나, 귤, 오렌지, 파인애플, 사탕수수, 황기, 황정, 강황 등을 섭취하면 비·위에 도움을 줄 수 있다.

콩으로 메주를 쑤어야 얻을 수 있다, 간장

간장은 오행체질 분류법에서 수水에 해당되는 신장과 방광을 이롭게 하는 식품이다.

예로부터 음식 맛은 장맛이라 했다. '진수성찬이 있어도 간이 맞지 않으면 무슨 맛이 있겠는가?'라는 말이 있다. 그러기에 간장은 음식의 대장大將인 것이다.

간장은 소금을 3~5년 정도 묵혀 자연정화自然淨化를 통해 우리 몸에 해로운 각종 유해물질을 없앤 다음 만든다. 독성인 비소砒素를 제거하고, 약성藥性을 더하려고 콩 단백을 이용, 메주를 띄워서 단백질을 좋아하는 곰팡이균들을 번식하게 하여 소금물을 풀어 만든 것이 간장이다. 이렇게 균들이 대사과정代謝過程을 통하여 소금의 독을 제거하거나 중화시켜야 양질의 염분인 간장이 되는 것이다. 완성된 간장은 보관함인 독에 넣고 거기다 숯으로 정화하고 고추를 띄워 살균시킨다. 햇볕이 드는 날은 장독 뚜껑을 열어 햇볕을 이용

전통사찰식 된장, 간장 담그기

된장, 간장 : 메주 1말, 생수 2말, 소금, 마른고추(꼭지가 붙어 있는 것), 숯, 대추, 대나무, 다시마

❶ 메주를 솔로 문질러 깨끗이 씻어 햇볕에 바싹 말려 주세요.
❷ 장 담그기 3일 전에 천일염을 소쿠리에 담아 물을 부어가며 녹여서 소금물을 만들어 불순물을 가라 앉혀 주세요.
(물 1말에 소금 3되(2.75되) 기준으로 풀어 주세요.)
❸ 항아리는 깨끗이 씻어 물기를 바싹 말린 뒤 메주를 넣고 소금물을 부어 주세요.
❹ 소금물 위에 대나무를 갈라서 걸쳐 놓고 마른고추, 숯, 대추, 다시마를 넣고 뚜껑을 덮어 주세요.
❺ 40~50일 정도 햇볕에서 뚜껑 여닫기를 해 주세요.
(유리뚜껑을 사용)
❻ 40~50일 후에 대추, 고추, 숯, 다시마를 골라내고 간장은 체에 받치고, 메주는 건져서 간장을 넣어 버무려서 된장을 만들어 주세요. 각각 항아리에 보관해 주세요.
❼ 1년 이상 발효시켜서 먹는 것이 맛이 좋아요.

* 생수 10컵+소금 3컵=염도 9.1% 생수 10컵+소금 2.75컵=염도 7.6%
생수 10컵+소금 2.5컵=염도 7.1% 간장 염도 = 8.8%

하여 자연발효와 아울러 중화시킴으로써 단순한 염분의 차원을 넘어 약성을 가지게 되었으며 실제 약으로 사용하였다.

간장이란 무엇일까?

흔히 '간을 맞춘다'는 말을 한다. 이 말의 어원은 몸속의 장기인 간肝에 비위condition를 맞춘다는 뜻이다. 과학적으로도 검증이 되었듯이 간은 몸의 화학공장이다. 담즙과 글리코겐의 생성, 영양분의 저장, 해독작용 등을 하는 소화샘인 것이다. 여기에 필요한 염분의 정도를 '간'이라 한다.

음식에 간이 맞지 않으면 비위가 상한다. 몸속에서 거부반응을 일으켜 심한 경우에는 구토가 난다. 이를 판단, 분별하는 기관이 '간'이란 뜻이다. 간장이란 결국 간의 비위를 맞추는 장醬인 것이다.

'간'은 사람마다 또는 그 사람의 몸 상태에 따라 달라질 수 있다. 싱겁게 먹느냐? 짜게 먹느냐? 하는 것보다 간을 맞추어 먹는다는 말이 옳을 것이다. 같은 음식을 놓고도 사람마다 간이 맞느니 안 맞느니 한다.

우리 풍습에 음식은 간간해야(약간 짜야) 소화가 잘된다고 했다. 옛날 어른들 중에는 식사 전에 간장 먼저 한 스푼 드시고 식사를 시작하는 경우도 종종 있었다. 현대의학의 논리대로라면 그런 분들은 고혈압이나 다른 질병으로 큰 부작용을 겪어야 했을 것이다. 그러나 그런 분들도 병 없이 천수를 누리시지 않았던가!

문제는 어떤 성분의 염분이냐의 것이 아닌가 한다.

간장은 독특한 맛과 향기를 지닌 것으로 우리나라뿐 아니라 중국과 일본에서도 중요한 조미료로 사용한다. 간장의 메티오닌methionine은 간肝의 해독작용을 돕는데, 체내의 유독한 물질 제거에 큰 역할을 담당한다. 다시 말해서 알코올과 니코틴 해독작용으로 담배, 술의 해를 줄이고 미용에도 효과가 있다. 또 레시틴 성분은 콜레스테롤을 용해하므로 동맥경화 예방과 혈압 강하작용에 효과가 있다. 혈관을 부드럽게 하고 혈액을 맑게 해 주는데, 비타민의 체내 합성을 촉진하는 작용까지 한다.

우리의 장내에는 무수한 미생물이 번식하고 있는데, 소화와 조혈의 활동에 없어서는 안 될 존재이다. 위장이 튼튼하거나 약하다는 것은 장내에 살고 있는 미생물의 좋고 나쁨과 밀접한 관련이 있다. 간장은 양조식품 공통의 생리작용으로서 장내 미생물을 정상화하는 역할을 한다.

현대에 들어서 우리 전통간장보다 공장에서 생산된 간장이 더 익숙해져 가고, 우리 전통음식을 만들 때도 공장에서 만들어진 간장을 사용하는 것이 무척 안타깝다. 불고기, 약밥, 우엉조림, 연근조림, 콩조림, 나물 무침 같은 우리의 전통음식에는 전통간장이 필요하다. 불고기 양념을 할 때도 장독대에서 숙성된 간장으로 양념하면 그 맛이 더 깔끔하게 배어 나온다. 우엉이나 연근조림도 갈변을 걱정하며 식초물에 담갔다가 사용하는데, 정작 조릴 때는 까만색이 나지 않는다고 캐러멜소스까지 넣어 까맣게 조리니 이치에 맞지 않는다. 건강한 음식은 올바른 식자재로 천연의 양념(藥鹽)을 선택하여 자연의 이치에 맞는 조리를 해야 한다.

밭에서 나는 쇠고기, 검정콩

검정콩은 오행체질 분류법에서 수水에 해당되는 신장과 방광을 이롭게 하는 식품이다.

"밭에서 나는 쇠고기"라는 표현만큼 콩을 잘 표현한 수식어가 있을까? 육류 부족으로 단백질 섭취가 모자랐던 시절, 육류를 대체했던 콩의 업적은 결코 사라지지 않을 것이다. 콩은 두부, 간장, 된장 등 다양한 방법으로 모습을 바꾸어 우리에게 단백질을 공급해왔기 때문이다.

검정콩은 일반 콩과 영양소의 함량은 비슷하다. 하지만 노화 방지 성분이 4배나 강한 특징을 갖고 있다. 항산화 효과로 노화를 방지하는데 색이 짙을수록 항산화 효과가 크다고 알려졌다. 검정콩 껍질에는 안토시아닌 색소가 들어 있는데, 이 색소는 폐경기 여성의 골다공증을 예방하고 갱년기 증상을 없애는 효과를 보인다. 신장에 찬 기운만 모이고 여성호르몬 분비가 원활하지 않은 여성에게도 검정콩은 효과가 있다. 혈액순환을 촉진하고 몸을 따뜻하게 하는 효능이 있어서 냉증, 생리통, 생리불순 증상을 완화한다.

검정콩은 양질의 단백질과 지질, 비타민B1·B2·B3의 함량이 높다. 콩 속에는 발암물질의 세포분열을 억제하는 제니스틴genistin이 들어 있다. 또한 식물성 화합물인 아이소플라본이 함유돼 골다공증, 신장 질환, 담석, 혈중 콜레스테롤 저하, 폐경기 증상 완화 등의 효능을 보인다. 비장과 신장이 허약해 수종이 있거나 각기병에 효과가 있으며 황달로 부종이 있을 때도 효과를 볼 수 있다. 요통, 산후풍, 도한, 자한, 냉대하에 효과가 있고 식물중독이나 약물중독을 풀어 주며 창상에도 효과가 있다. 만약 해독작용을 강하게 하고 싶다면 감초와 배합하면 그 효과가 배가 된다.

현대인들은 환경과 약물, 식중독 등 다양한 중독 증상에 노출되어 살아간다. 꼭 통증을 동반하지 않더라도 중독되어 있는 경우가 많다. 생활에서 쉽게 해독할 수 있는 방법으로 감두탕을 소개하고자 한다. 서목태와 감초를 1 : 1의 비율로 물에 넣자. 약한 불에서 2시간 정도 끓인 후에 그 물을 조금씩 나누어 마시면 해독의 효과가 있다. 식중독으로 인한 피부 발진, 오래되지 않은 약물중독 증상은 감두탕을 마시는 것만으로 금방 효과를 볼 수 있으니, 꼭 메모해 두기를 권한다.

겨울밥상의 단골 메뉴, 김

김은 오행체질 분류법에서 수水에 해당되는 신장과 방광을 이롭게 하는 식품이다.

다양한 해조류가 사는 드넓은 바다 안에서도 사람들이 으뜸으로 치는 해조류는 단연 '김'일 것이다. 밥상의 단골 메뉴로 등장하는 김은 그 성질은 냉하고 맛은 달고 짜며, 주로 폐에 작용하는 식품이다.

김에는 타우린이라는 성분이 들어 있다. 타우린은 콜레스테롤을 감소시키고 간의 작용을 보조하며 신경의 흥분을 진정시키는 효과가 있다. 암 예방과 치료에도 도움이 되는 것으로 알려졌는데, 최근 연구에서는 김, 미역, 호두, 연밥, 마늘, 말린 죽순의 이 여섯 가지 식품이 모두 돌연변이를 억제하는 작용을 갖고 있는 것으로 밝혀졌다. 이 때문에 이들 식품이 인류의 불치병으로 불리는 암을 예방하는 데도 어느 정도 역할을 하지 않겠느냐는 기대를 받고 있는 중이다.

김은 각종 무기질이 풍부한 알칼리성 식품이다. 동맥경화와 고혈

김(오채) 무침

김 10장, 청·홍피망, 양념장(집간장 1.5큰술, 생수 6큰술, 조청 2큰술, 고춧가루)

1. 김은 구워서 잘게 부수고 청·홍피망은 잘게 다져 주세요.
2. 냄비에 분량의 양념장 재료를 넣고 끓여 식힌 다음 김에 양념장을 부어 버무린 후 청·홍 피망을 넣고 버무려 주세요.

김장아찌

김밥용 김 10장, 밤 4톨, 생강 2톨, 간장 1/2컵, 채수 1컵, 조청 1컵, 고추장 1작은술, 고춧가루 1큰술

1. 김은 가로, 세로 3cm 크기로 썰어 주세요.
2. 밤과 생강은 껍질을 벗기고 곱게 채 썰어 주세요.
3. 냄비에 집간장, 채수, 조청을 넣고 끓인 후 식으면 고추장, 고춧가루, 통깨를 넣어 주세요.
4. 김 서너 장에 밤과 생강을 혼합하여 켜켜이 얹고 마지막에 소스를 얹어 주세요.

압 예방에 좋은데 무엇보다 필수아미노산이 풍부한 완전식품이라는 점에서 눈여겨볼 필요가 있다. 특히 양질의 단백질을 갖고 있는데, 김 한 장에 달걀 두 개 분량의 영양을 함유하고 있다는 사실을

모르는 이가 많다. 김에는 시력에 좋다고 알려진 비타민A가 당근보다 3배, 시금치보다 6배나 많이 들어 있다. 또 동물성 식품에 풍부한 비타민B12가 식물성 식품인 김에 들어 있는데, 생선이나 고기에 들어 있는 양과 비슷한 양을 함유하고 있어 여성의 빈혈과 골다공증 예방에 좋다.

김 한 장을 떠올려 보자. 그 얇은 종잇장 두께의 김에 이 많은 영양소가 들어 있으니 얼마나 대단한 존재인가. 김은 남성의 성 기능 강화에 도움을 주는 아연도 풍부하게 함유하고 있다. 김에 함유된 식물섬유소는 채소의 식물섬유소와는 성질이 달라서 위벽과 장벽에 상처를 주지 않고 장운동을 촉진한다. 지방 함량은 낮지만, 칼슘, 인, 철, 칼륨 등의 무기질이 풍부하게 함유하고 있으니 콩 못지않은 완전식품이 아닐 수 없다.

김은 사계절 언제나 밥상에 올려 사랑 받고 있는 국민 반찬이지만 신기하게도 입춘이 지나 날씨가 따뜻해지면 맛있게 먹던 김이 자꾸만 멀어진다.

이럴 때 조금은 색다르게 전통간장으로 짭조름하게 무치고, 또 장아찌를 담가 밥도둑을 만들어 보면 어떨까?

신비한 해초의 대명사, 다시마

다시마는 오행체질 분류법에서 수水에 해당되는 신장과 방광을 이롭게 하는 식품이다.

아마 우리가 다시마를 가장 많이 활용하는 방법은 채수를 뽑을 때가 아닐까 싶다. 신기하게도 말린 다시마는 그저 물에 담가 놓는 것만으로도 채수를 내고, 불에 끓여도 감칠맛 나는 채수가 된다. 얇고 작은 다시마 한 조각이 우려내는 감칠 맛이 묘한 매력이 있다.

다시마는 지구상의 동식물 중에서 가장 많은 유기질과 무기질을 가진 해초다. 그래서 '미네랄의 보고'라는 별명으로 불리기도 한다. 특히 다시마에 함유된 요오드는 갑상선 호르몬의 주요 구성 성분으로 갑상선 기능을 조절하고 갑상선 호르몬 생성을 도와 신진대사를 활발하게 이끌어 준다. 혈구, 혈색소, 혈청, 단백질을 증가시키는 작용도 하는데, 우수한 알칼리성 식품으로 산성식품인 쌀밥, 육류와 함께 먹으면 체질이 산성화 되는 것을 막을 수 있다. 또 칼로리는 거의 없고 각종 미네랄이 풍부하게 함유돼 다이어트 식품으로도 사랑받는다. 게다가 음식물이 장 속에 머무르는 시간을 단축시켜 노폐물을 빨리 빠져나가게 만드는 효능까지 있다. 이는 변비와 대장암을 예방하는 데 도움이 된다.

다시마는 피부의 탄력을 가꾸어 피부노화를 억제하는 역할도 하는데, 특히 햇볕에 그을렸거나 자외선으로 인한 기미가 생긴 피부에 효능이 있다. 우유보다 14배나 많이 함유된 칼슘은 소화 흡수가 아주 빨라서 뼈의 성장에 도움을 줄 뿐 아니라 골다공증도 예방해 준다. 성장기 자녀와 갱년기 여성이 함께 먹어도 좋은 이유다.

묵을수록 깊은 맛을 내는, 된장

된장은 오행체질 분류법에서 수水에 해당되는 신장과 방광을 이롭게 하는 식품이다.

가장 한국적인 맛을 꼽으라고 한다면, 나는 된장 꼽기를 주저하지 않을 것이다. 찌개로, 국으로, 양념으로 그 쓰임새도 다양하지만, 저장성 조미식품으로써 그 맛과 향이 가장 한국적이기 때문이다.

된장에는 나트륨, 인, 철, 마그네슘, 망간, 아연, 구리 등의 미네랄이 풍부하게 함유되고, B1, B2, B3, B6, E, K, 엽산 등의 비타민 또한 다양하게 함유돼 있다. 특히 쌀을 주식으로 삼는 우리나라에서 부족하기 쉬운 필수아미노산의 함량이 높아, 식생활에서 부족한 영양을 보충해 주는 역할을 수행했다.

된장은 발효 식품 가운데서도 항암 효과가 탁월하다. 실제 대한암협회의 암 예방 수칙에는 된장국을 매일 먹으라는 항목이 존재하는데, 그만큼 암 예방에 탁월한 효과를 보이기 때문이다. 된장의 주재료인 콩을 장기적으로 다량 섭취하면 유방암, 대장암, 자궁내막암, 폐암 등의 빈도를 줄인다는 연구 결과가 있다. 이러한 콩의 발효식품인 된장은 거의 100% 돌연변이 유발을 억제하는 것으로 나타났고, 이미 발생한 암세포의 전이를 억제하는 효과도 우수한 것으로 드러났다.

된장은 몸속의 혈전을 분해하는 역할도 수행한다. 된장 속에 들어 있는 미생물은 특수한 단백질을 분비해서 혈전을 분해한다. 혈관 내에 혈전이 과다하게 형성되면 핏속의 영양소가 산소의 운반을 방해하며 뇌혈전증, 뇌출혈 등의 질병을 일으키게 된다. 그런데 된장을 이용한 음식을 많이 먹으면 이런 질병을 예방하는 것은 물론이고 혈압을 낮추고, 콜레스테롤 축적을 예방하니 다양한 효능을 경험할 수 있다.

된장은 건강 보조제가 아니다. 그저 건강에 도움이 되는 것이 아니라 그 맛도 훌륭하다. 식욕을 돋우고 소화력도 뛰어나, 예부터 된장과 함께 음식을 먹으면 체할 염려가 없다고 했다. 된장의 풍부한 식이섬유는 대장에서 인체에 유익한 균이 잘 자랄 수 있게 돕고 장의 운동을 활발하게 하는 효능이 있다.

된장을 잘 보관하려면 된장을 그릇에 담을 때 공간이 생기지 않도록 담는 것이 좋다. 된장의 표면뿐만 아니라 비어 있는 공간에서도 곰팡이가 생기기 때문이다. 된장 표면에 곰팡이가 생기지 않게 하기 위해서는 된장을 잘 다져 넣고 마른 다시마로 덮어서 보관해 보자. 작은 생활의 팁이 우리의 건강한 식생활을 이끌 것이다. 더불어 집에서 건강한 된장 담그는 방법을 영상으로 공유한다.

콩으로 만든 가장 완전한 식품, 두부

두부는 오행체질 분류법에서 수水에 해당되는 신장과 방광을 이롭게 하는 식품이다.

두부가 최고의 식물성 단백질 요리 재료라는 것을 가장 먼저 안 사람은 누구였을까? 육류에서 단백질을 섭취하지 못하는 승려들이 아니었을까? 승려들의 두부 만드는 기술은 나라에서도 인정할 정도였는데, 우리나라의 여러 능원(陵園, 왕이나 왕비의 무덤인 능陵과 왕세자 등의 무덤인 원園, 즉 왕족들의 무덤) 근처에는 반드시 두부를 만들어 바치는 승원(僧園, 승려가 거주하는 건물 혹은 수도원으로, 임금의 극락천도를 위해 지어졌다.)이 있었기 때문이다.

정약용의 『아언각비雅言覺非』 제1권 '두부조'에 의하면, 이곳 승원은 두부 외에도 다른 제사음식을 준비했는데, 이를 가리켜 특별히 조포사造泡寺라고 했다.

이후 소문난 두부에는 절 이름이 같이 붙었는데, 이태조의 정비 한 씨의 능원인 개성제릉의 조포사였던 연경사의 두부와, 세조의

두부티라미수

다이제스티브(비스킷) 10개, 두부 반모, 중탕한 다크초콜릿 5큰술, 아몬드가루 3큰술, 원당 1~2큰술, 추출한 원두커피 1작은술, 식물성 생크림, 제철과일 약간, 코코아가루 약간

1. 초콜릿은 중탕해서 녹이고, 두부는 물기를 빼서 곱게 으깨 주세요.
2. 1에다 원두커피, 아몬드가루, 원당, 생크림을 넣어 잘 섞어 주세요.
3. 다이제스티브 비스킷을 잘게 부숴 주세요.
4. 3을 얇게 펴고 그 위에 2를 두텁게 올려 모양을 반듯하게 잡은 후 냉장고에 넣어 3시간 정도 굳혀 주세요.
5. 시원하게 굳은 두부티라미수를 꺼내어 적당한 크기로 잘라 접시에 담고 생크림을 위에 얹은 뒤, 코코아 가루를 뿌리고 제철과일로 가니시해 주세요.

우엉두부구이

두부 1/2모, 우엉 50g, 풋고추 1/2개, 간장 1/2큰술, 조청 1큰술, 흑임자, 자염, 식용유, 채 썬 다시마 약간, 명주다시마

1. 두부는 한 번 삶아 물기를 살짝 닦고 도톰하게 썰어서 자염을 살~짝 뿌려 팬에 기름을 두르고 노릇하게 앞뒤로 노릇하게 구워 주세요.
2. 우엉은 깨끗이 씻은 뒤 어슷 썰어 곱게 채 썰어 주세요.
3. 팬에 채 썬 우엉을 넣고 물을 부어 김을 올린 다음 간장과 조청을 넣어서 물기가 약간 남아 있게 조리다가 채 썬 풋고추를 넣어 같이 조려 주세요.
4. 접시에 구운두부를 얹고 조려진 우엉을 얹어 주세요. 흑임자도 함께 뿌려 주세요.

Tip.

- 명주 다시마는 다시마의 겉 부분을 벗겨 낸 하얀 다시마를 말해요.
- 가니시용 가쓰오부시를 사용해도 좋아요.

능원인 광릉의 조포사였던 봉선사 두부가 그것이다. 이는 초기에는 희귀식품이었던 두부를 만들 수 있는 권리가 오로지 사찰에만 있었다는 것을 뜻한다. 이후 민간에 이어지면서 비로소 두부는 대중화되었지만, 여전히 전통의 손맛을 지닌 두부집은 으레 깊은 산 속의 국도변에 있다. 아주 먼 옛날 사찰이 산중에 있었던 것처럼 말이다.

두부는 열을 내리는 작용을 하고 해독을 하며 이뇨작용을 돕는

다. 담을 없애고 진액을 만들며 기운을 돕고 중초를 넓혀 주는 효능을 갖고 있다. 신체가 허약하거나 기혈이 부족해서 영양불량인 사람에게 두부는 최고의 보양식이 될 수 있다. 또한 암 환자에게도 좋은 식품이며, 젖이 잘 나오지 않는 산모에게도 좋은 효능을 보인다.

두부 역시 궁합이 맞는 좋은 재료들이 있다. 두부와 생선을 함께 섭취하면 인체의 칼슘 흡수를 돕고 골다공증을 예방하며, 어린이 구루병을 예방할 수 있는 좋은 식품이다. 두부에 함유된 단백질과 필수아미노산의 소화흡수율이 92~97% 정도로 높고 콜레스테롤이 없어 동맥경화나 고지혈증에도 도움이 된다. 남녀노소 누구에게 도움이 되는 식품이다.

사실 실생활에서 만나는 두부는 소화흡수율이 높지만, 충분히 씹지 않고 목으로 넘기는 경우가 많다. 그래서 소화가 잘 되지 않는다고 느낄 수 있다. 섬유질이 있는 우엉과 두부를 배합하면 충분히 씹는 과정을 거치고 소화율 또한 높일 수 있다. 우엉두부구이와 비건 디저트인 두부티라미수 조리법을 소개해 본다.

기력을 북돋아 주는, 마

마(산약)는 오행체질 분류법에서 수水에 해당되는 신장과 방광을 이롭게 하는 식품이다.

마는 산지에서 자생하는 식물로 덩굴을 이루며 자란다. 그 뿌리는 땅속 깊이 파고들어 자라는데, 마를 자르면 끈적끈적한 성분이 배어 나오는 특징이 있다. 이 끈적한 성분은 무틴mutin이라는 점액

질로 섬유질의 성질을 가진다. 무틴은 당이 흡수되는 것을 예방해 혈당치가 갑자기 올라가는 것을 막아 주는데, 바로 이 성분이 모자라면 위궤양을 일으킬 수 있다. 체력과 기력을 보충하고 눈과 귀를 밝게 하며, 암과 비만을 예방하는 역할도 수행한다.

한방에서는 마를 산약山藥이라 부르는데, 중국에서는 아예 약초로 취급해 거래해 왔다. 비장을 튼튼히 하고 기력을 끌어올리는 자양강장제로 잘 알려져 있다. 한방에서는 식품을 상품, 중품, 하품 세 가지로 분류하고 있는데, 그중에서도 상품으로 분류되는 식품은 오랫동안 먹어도 무해한 약을 가리킨다. 중품은 치료용으로 사용하는 약, 하품은 단기간 사용해야 하는 약을 가리키는데, 마는 상품에 속한다. 마를 섭취해 본 사람은 알겠지만 끈끈한 것은 단백질과 당질이 결합된 유익한 성분이다. 또한 마는 비타민이 풍부하고 빈혈에 필요한 철분과 칼륨, 마그네슘을 함유하고 있는데 체액을 중화하는 역할을 수행한다. 몸의 저항력을 높이고 내장을 튼튼하게 만들어 기력을 북돋아 주는 효과가 있어, 몸을 튼튼하게 만드는 데 도움이 된다.

마는 비장을 돕고 폐의 기운을 보하고 신장을 튼튼하게 하는 식품이다. 비장이 허약해 발생하는 설사, 식욕이 부진하며 얼굴과 손발이 붓는 증상을 보이는 사람에게 효과가 있다. 천식, 갈증, 신장 허약을 원인으로 냉대하가 많고 소변을 자주 보는 사람에게도 효과가 있다.

마도 다양한 요리에 활용할 수 있는데, 된장찌개에 감자 대신 넣어도 담백한 맛과 시원한 맛이 일품인 멋진 요리가 된다.

뼈를 튼튼하게 해 주는, 미역

미역은 오행체질 분류법에서 수水에 해당되는 신장과 방광을 이롭게 하는 식품이다.

당나라의 유서 『초학기』에는 이런 기록이 있다. 약 1300년 전, 고래가 새끼를 낳은 뒤 미역을 뜯어 먹는 것을 보고 고려인들이 산모에게 미역을 먹게 했다는 것이다. 이때부터 산모와 생일을 맞은 사람에게 미역국을 먹게 하는 풍습이 이어지게 되었다고 한다. 지금도 임산부의 해산이 가까워 오면 해산미역을 준비한다. 이때 사용하는 해산미역은 넓고 긴 모양으로 값을 깎아서도 안 되고, 꺾어서 싸 주어도 안 된다는 금기가 있다. 꺾으면 난산한다고 믿었기 때문이다. 아이를 낳으면 미역국 세 그릇은 우선 삼신에게 바치고 남은 미역국을 산모가 먹는데, 보통 1주에서 2주, 길게는 3주 이상 미역국을 먹는다.

미역은 지혈과 자궁 수축을 돕는 효능이 있다. 피를 맑게 해 주고 젖 분비를 촉진하는 요오드와 미네랄이 풍부해 산모에게 꼭 맞는 식품이다. 특히 신진대사가 왕성한 미역국은 산모에게 가장 합리적인 식품이라 할 수 있다. 그뿐 아니라 인과 칼슘 등의 미네랄이 풍부해 뼈를 튼튼하게 해 주기에 해산을 한 산모에게 충분한 영양분을 공급한다. 미역에는 칼슘 함유량이 분유와 맞먹을 정도인데, 칼슘은 골격과 치아 형성에도 도움이 되고 산후 자궁 수축과 지혈을 도와주기 때문에 아이와 엄마 모두에게 효능을 발휘한다. 물론 산모가 아닌 일반인들에게도 좋은 식품이다. 풍부한 식이섬유는 변비

맑은 미역국

마른미역 또는 생미역, 다시마 우린 물, 표고버섯, 목이버섯, 집간장

1. 마른미역은 불려서 적당한 길이로 자르고 생미역은 깨끗이 씻어 적당한 길이로 잘라 주세요.
2. 다시마는 고향에 있던 모양이 되도록 충분히 불려 주세요.
3. 표고버섯은 불려 얇게 썰어 주세요.
4. 냄비에 미역과 표고버섯과 목이버섯을 담고 간장을 넣고 조물조물 무쳐 볶아 주세요.
   수분이 없어질 듯하면 다시마 우린 물을 한 국자 넣고 다시 볶아 주세요. (3~4번 반복)
5. 4에 남은 다시마 우린 물을 넣고 충분히 끓여 주세요.

를 해소하고 혈압을 내려 주기에 생활습관병 예방에 효과가 좋다. 고기와 생선 같은 산성식품을 먹을 때 함께 먹으면 산도를 중화해 주는 역할도 한다.

생일을 맞은 자식을 위해 엄마가 미역국을 끓여 주는 것으로 잘못 알고 있는데, 자녀 생일엔 엄마가 미역국을 끓이기보다 아빠나 해당 자녀가 어머님께 감사하는 마음으로 끓여 드려야 할 것이다. 아기를 낳은 여인들은 아기 낳은 달이 되면, 평소 없던 신경통 증세도 생기고 몸의 이상증세가 온다고 한다.

가족들의 생일날 군더더기 없는 깔끔한 미역국을 끓여 보자.

정기를 보태 주는, 밤

밤(율栗)은 오행체질 분류법에서 수水에 해당되는 신장과 방광을 이롭게 하는 식품이다.

밤은 특이한 식물이다. 대다수의 식물이 씨앗으로서 기능을 하면 썩어 없어지는데, 밤은 씨앗으로서 역할을 하고 싹이 돋아서 나무가 자라도 그 나무 밑에서 원형을 간직하고 있다. 근본불후根本不朽기에 조상과 근본을 잊지 않겠다는 의미가 있어 제사상에 반드시 올리는 것이다.

우리나라에서 밤나무를 보는 건 그리 어렵지 않았다. 만물이 열매를 맺는 가을, 밭둑이나 산기슭을 올라가면 밤나무에서 떨어지는 밤송이 사이로 탱글탱글한 짙은 갈색의 밤알이 그 모습을 드러내곤 했다.

밤은 성질이 따뜻하고 기운을 북돋우며 정기를 보태는 식품이다. 한 톨에도 영양이 꽉 차 있어서 어린이의 건강식, 환자의 회복식에도 쓰인다. 특히 몸이 쇠약한 사람이 먹으면 식욕이 살아나고 혈색이 좋아진다. 밤에는 폴리페놀 성분이 들어 있는데 설사를 멎게 하고 이질을 치료한다. 위장 기능을 튼튼하게 하고 입맛을 돌게 하며, 피부 미용에 좋고 감기 예방에도 좋다.

밤은 신장을 보하고 근육을 튼튼하게 하는 작용도 한다. 생으로 먹을 때는 지혈작용을 하며, 소화기가 약해 배탈이나 설사를 자주 하는 사람에게도 효능이 있다. 신장이 허약한 사람에게 적합하고 중년이나 노년의 허리 통증과 다리에 힘이 없는 증상을 완화하는

알밤 묵은지찜

밤 10개, 묵은지잎 10장, 표고버섯 5장, 다시마 2장, 생들기름, 고춧가루 0.5큰술, 채수 2컵

1. 묵은지는 살짝 씻어 주세요.
   밤은 속껍질을 반만 벗겨 주세요.
2. 묵은지에 밤을 돌돌 말아 주세요.
3. 냄비에 2를 담고 채수를 잘박하게 부은 후 표고버섯과 생들기름, 고춧가루를 넣은 뒤 팔팔 끓으면 약불로 줄이고, 묵은지가 물러질 때까지 뭉근히 끓여 주세요.

데도 효과가 있다. 우리는 일상에서 삼계탕, 갈비탕, 갈비찜과 같은 보양식을 만들 때 꼭 밤을 넣는다. 닭고기와 밤을 배합해 함께 섭취하면 비장과 위장을 튼튼하게 하는 식품이 된다. 또 조혈 능력이 좋아져 철결핍성빈혈 예방에 도움이 된다. 밤은 노인들의 간식으로 활용하기에도 적합하다. 불포화지방산과 여러 비타민이 함유돼 있어 고혈압, 협심증, 동맥경화, 골다공증 등 노인성 질병 예방에 도움이 되기 때문이다.

겨울이 무르익어 맛있게 맛이 든 김장김치로 김치찌개를 하면 시원한 맛이 일품이다. 일반적으로는 돼지고기와 배합을 해서 김치찌개를 하는데 밤을 김치로 돌돌 만 것을 포~옥 끓여서 허한 속을 든든하게 해 줄 보양식으로 준비해 보자.

세상에서 가장 귀한 보물, 소금

소금은 오행체질 분류법에서 수水에 해당되며 신장과 방광을 이롭게 하는 식품이다.

어린아이가 오줌을 싸면 이웃집에서 소금을 꿔 온 이유는 뭘까?

옛날에 육지에는 소금장수가 일 년에 몇 차례오지 않을 정도로 소금이 귀해서 가난한 사람은 염분섭취가 부족했다. 또, 어린이가 잠을 자다가 오줌을 싸면 머리에 키를 쓰고 이웃집에서 소금을 꾸어 오게 하던 풍습이 있었다. 밤에 오줌을 싸는 야뇨증은 신장과 방광이 허해서 생기는 병의 일종인데 이의 치료에는 소금이 좋다. 이 풍습에는 염분부족으로 생긴 야뇨증 어린이를 위해 비싼 소금을 십시일반으로 갹출하고자 하는 지혜가 담겨 있다. 귀한 소금을 약에 쓰려고 얻어 오게 한 해학이 깃든 전래 풍습이다.

태아가 자란 자궁 양수의 염분 농도는 바닷물과 같은 3.5%다. 그리고 우리 몸의 체액의 적정 염분 농도는 0.85%로 알려져 있다. 병원에서도 응급처방으로 0.9%의 생리식염수로 된 링거주사액을 활용하지 않는가?

소금에 대한 기능을 살펴보자.

첫째, 소염消炎, 살균, 제독, 방부 작용을 한다. 모든 동물은 염분이 있다. 염분이 적은 동물은 병이 많고, 염분이 많은 동물은 저항력이 강하다. 우리 몸 어디에나 생기는 암癌도 장기 중에 염분 농도가 가장 높은 심장에는 발생되지 않는다. 소금의 소염, 제독 작용 때문일 것이다. 심장을 다른 말로 염통이라고 한다. 염통을 굳이 한자로 표현한다면 소금 통이란 뜻으로 '鹽桶'이라고 해야 할 것이며 '염鹽'은 다시 '염炎'으로 통하니 가장 뜨겁다는 '염통炎桶'이라 해야 할 것이다.

둘째, 정혈작용精血作用을 하며 혈액의 온도를 유지시켜 준다.

셋째, 신진대사를 촉진시키고 노폐물의 배설을 돕는다. 소금은 물질을 끌어당기는 역할을 하기 때문에 몸 안의 불순물을 오줌과 땀으로 배출시킴으로써 세제 같은 역할도 한다.

넷째, 체액의 중화작용을 도와 체질을 개선시켜 준다.

다섯째, 혈압과 체중의 균형을 유지시켜 준다.

여섯째, 음식물을 분해하며 들뜬 마음을 안정시킨다.

소금은 우리 생활 여기저기에 유용하게 쓰인다. 커피에 소금을 약간 넣으면 향도 좋아지고 정력 증진 효과도 볼 수 있다. 가지를 볶을 때 진한 소금물에 담가 두었다가 볶으면 가지가 기름을 덜 흡수해서 기름 섭취량을 줄일 수 있고, 보리차를 끓일 때 소금을 약간 넣으면 향이 더욱 좋아진다. 기름이 묻은 프라이팬도 소금을 뿌려 닦으면 깨끗해지고, 개미가 많은 방에도 장롱 밑이나 구석에 소금을 뿌려 두면 개미가 없어진다. 목감기로 목이 부울 때나 미세먼지로 인해 목이 따끔따끔할 때는 따뜻한 소금(천일염)물로 양치하면 특효다. 칫솔은 잘못 보관하면 칫솔 자체가 세균의 온상지가 될 수 있어 호흡기 질환에 노출될 수 있다. 칫솔을 보관할 때 진한 소금물 속에 담가 두면 세균이 살 수 없을뿐더러 잇몸질환을 예방할 수 있는 위생적인 방법이다.

이렇듯 소금은 비단 요리에만 쓰이는 것이 아니라 생활 곳곳에서 다양한 쓰임을 자랑한다.

소금의 짠맛은 누구나 잘 알고 있다. 건강한 짠맛을 효율적으로 이용하기 위해서는 소금을 잘 알고 사용해야 한다. 음식을 만들 때 기본양념으로 사용할 때는 적당량을 한 번에 넣는 것이 좋고, 차갑게 먹는 음식은 약간 싱겁게 간하는 것이 좋다. 소금과 설탕을 함께 넣는 경우 설탕을 먼저 넣는 것이 좋다. 그래야 소금을 많이 사용하지 않아도 설탕의 단맛을 극대화할 수 있기 때문이다. 고기나 생선을 구울 때는 굽기 직전에 소금을 뿌리는 것이 좋다. 삼투압작용을 통해 고기가 질겨지거나 육즙이 빠져나가는 것을 예방할 수 있기 때문이다. 또 생선이나 어패류를 씻을 때는 3% 농도의 소금물로 씻으면 안전하다.

노폐물 배출에 탁월한, 수박

수박은 오행체질 분류법에서 수水에 해당되는 신장과 방광을 이롭게 하는 식품이다.

수박은 한여름 더위를 식히는 대표적인 여름 과일로, 신경을 안정시키고 갈증을 풀어 주는 고마운 과일이다. 과육 대부분이 수분으로 이루어져 있기 때문에 소변을 통해 자연스럽게 몸속 노폐물을 배출하는 효과가 있다. 덕분에 해열제, 해독제로 많이 이용된다. 일사병에도 효과가 있는데 오르니틴과 시트룰린이라는 특수 성분이 들어 있어서 부종을 없앤다. 저녁에 수박을 먹으면 자꾸 화장실을 찾게 되어 귀찮다고 하는 사람도 있는데, 그만큼 이뇨작용이 뛰어나 신장염, 방광염, 요도염 등 신장 질환에도 뛰어난 효능을 보인

수박라씨

수박 1/4통, 플레인요구르트 2컵, 집간장 1작은술, 생강즙 1작은술, 자염 한 꼬집, 민트잎

❶ 모든 재료를 믹서에 넣고 갈은 후 컵에 담아 민트잎을 띄워 주세요.

수박껍질당근국수

수박껍질, 당근 100g, 적채 50g, 향신채 약간, 방울토마토 5개
양념장) : 홍고추 반 개, 집간장 1큰술, 레몬즙 2큰술, 생수 1큰술, 꿀 또는 원당 1작은술, 통깨 반 큰술

❶ 수박껍질을 칼로 깎아 낸 후 과육 부분을 줄리엔느필러로 면처럼 길고 가늘게 썰어 주세요.
❷ 당근도 1과 같이 썰어 주세요.
❸ 적채는 가늘게 썰어 생수에 잠시 담가 건져 주세요.
❹ 방울토마토는 반으로 잘라 주세요.
❺ 채소를 모두 그릇에 담고 소스를 고루 뿌린 후 버무려 주세요

다. 또 혈압을 낮추고 알코올 분해를 촉진하는 효과가 좋아 숙취 해소에도 도움이 된다.

수박 하면 시원한 맛과 단맛이 가장 먼저 떠오른다. 수박에 들어

있는 당분은 과당과 포도당으로 피로회복에 효과가 있고, 수박 중심부의 빨간 부분일수록 과당과 포도당이 더 풍부하게 함유돼 있다. 비타민C를 파괴하는 성분을 억제하는 기능도 있어 오이나 당근과 함께 먹으면 비타민C 흡수에 도움이 된다.

우리는 흔히 수박을 시원하게 보관해 먹는다. 계곡에서 수박을 차가운 계곡물에 담갔다가 먹는 것도 마찬가지다. 물론 더운 여름의 계절이기에 자연스럽게 시원함을 찾는 것일 수도 있다. 재미있는 것은, 수박을 시원하게 먹는 것은 아주 지혜로운 섭취 방법이라는 점이다. 수박의 과당은 저온일수록 감미가 증가한다. 차가울수록 맛이 있다는 것이다. 수박의 과육뿐만 아니라 수박껍질에도 같은 효능이 있다. 겉껍질만 얇게 제거한 후 얇게 썰어서 소금에 절였다 새콤달콤하게 무쳐 보는 건 어떨까? 뜨거운 여름 새콤하고 상큼한 또 다른 별미가 될 것이고, 말려 놨다 탕 요리에 넣어 먹으면 그 영양 성분을 섭취할 수 있을 것이다.

향수병을 치유해 주는, 청국장

청국장은 오행체질 분류법에서 수水에 해당되는 신장과 방광을 이롭게 하는 식품이다.

독특한 향과 구수한 맛이 일품인 청국장은, 병자호란 때 청나라 군인이 군량으로 쓰던 장이라고 해서 전국장戰國醬이라고 부르기도 한다. 청국장은 콩으로 만드는 발효 식품인데, 단백질과 지방, 미네랄, 섬유질을 갖춘 영양이 높은 식품이다. 특히 청국장의 항암 효과

청국장 샐러드

검은콩생청국장 2팩, 치커리나 부추 등 제철 계절 채소 50g, 완숙 토마토 1개, 파프리카 1개, 양파 반개, 전처리한 견과류 20g
소스 : 올리브유 1큰술, 매실액 1큰술, 집간장 1/3작은술, 조청 약간, 들깨 1/2~1큰술

❶ 채소는 깨끗이 씻어 한입 크기로 잘라 주세요.
❷ 생청국장을 휘휘 저어 실을 충분히 만들어 주세요.
❸ 청국장과 채소를 함께 그릇에 담아 주세요.
❹ 전처리한 견과류를 얹고 분량의 소스 재료를 섞어 뿌려 주세요.

검은콩생청국장(낫또) 김밥

현미밥 2공기, 김 2장, 검은콩생청국장(낫또) 3~4큰술, 부추 20g, 홀그레인 머스터드 1큰술, 집간장 약간, 통깨 1큰술, 참기름 반 큰술, 자염 1작은술

❶ 따뜻한 밥에 참기름과 통깨, 자염을 넣고 잘 버무려 주세요.
❷ 부추는 깨끗이 씻어 물기를 빼 주세요.
❸ 검은콩생청국장(낫또)은 절구나 포테이토매셔로 살짝 으깨 홀그레인 머스터드와 집간장, 통깨를 넣어 섞어 주세요..
❹ 김발에 김의 거친 부분이 위로 오게 놓고, 충분히 식힌 현미밥을 올려 잘 펴 주세요.
❺ 밥 위에 부추를 올리고 3의 양념한 청국장을 충분히 휘저어 끈끈한 실을 만든 뒤 부추 옆에 한 줄로 올리고 김밥을 말아 주세요.
* 일반김밥보다는 가늘게 싸서 약간 길게 썰어야 해요. 짧게 썰으면 콩이 삐져나와요.

는 세계적으로 유명하다. 항암 효과에 직접적으로 작용하는 성분은 사포닌이다. 사포닌은 혈중 콜레스테롤을 낮추고 동맥경화를 예방한다. 또 유해 성분이 장 점막과 접촉하는 시간을 줄이고 유해 성분을 흡착해 독성을 줄이는 역할을 한다. 따라서 청국장은 음식물 속에 있을 수 있는 발암물질, 뱃속에서 생긴 발암물질을 희석하는 고마운 식품이다.

청국장에는 콩이나 콩으로 만든 다른 제품과 구별되는 특유의 효능이 있다. 특히 혈액을 깨끗하게 하는 나토키나아제nattokinase는 청국장의 끈적끈적한 실에 많이 포함된 성분으로, 혈관을 막히게 하는 혈전을 녹이는 기능을 한다. 1g당 10억 개 이상 들어 있는 바실러스균은 설사와 장염을 예방하고 변비를 예방한다. 또 레시틴 성분은 혈관에 달라붙은 콜레스테롤을 씻어 내 혈액의 흐름을 원활하게 해 주고, 비타민E는 항산화작용으로 노화를 막아 준다. 또 청국장의 납두균은 단백질 분해 효소로 장내 부패균의 활동을 약하게 하고, 병원균에 대한 항균작용을 한다.

보통 우리는 청국장을 찌개로 끓여 먹는 방법만 생각하는데, 샐러드로 활용해도 훌륭하다. 어떻게 활용해야 할지 어렵다면 레시피를 활용해 보자.

밭에서 나는 고기, 콩(대두)

콩은 오행체질 분류법에서 수水에 해당되는 신장과 방광을 이롭게 하는 식품이다.

오곡 중에 하나인 콩은, 쌀을 주식으로 섭취하는 우리에게 아주 고마운 식품이다. 쌀에 부족한 단백질과 지방질을 콩이 보완해 주기 때문이다. 콩은 곡식이지만 단백질과 지방 함량이 높고, 전분 함량은 거의 없어서 곡식보다는 오히려 고기에 더 가까운 특징을 지닌다. 그래서 '밭에 나는 고기'라는 수식어를 갖고 있다.

『동의보감』에서는 "장기간 복용하면 보신 효과가 있고 체중이 증가한다. 위장의 열을 제거하며 장의 통증과 열독에 효과가 있고, 대소변의 배설을 다스리며 부종이나 복부팽만 등에 효과가 있다."고 하였다.

또한 『본초강목』에서는 "콩을 오랫동안 복용하면 안색이 좋아지고 흰머리가 검은색으로 변하며, 늙지 않고 피를 돌게 하며 모든 독을 풀어 준다."고 하였다.

콩은 단백질과 지방뿐만 아니라 비타민E가 풍부해 항산화작용을 한다. 동맥경화와 같은 생활습관병을 예방하고 혈액순환을 촉진하는데, 호르몬의 균형을 유지해 주니 불규칙한 생활습관과 건강하지 않은 식습관을 가진 현대인에게는 꼭 필요한 식품이다. 콩이 독을 풀어 준다는 것은 불포화지방산이 풍부하다는 사실과 밀접한 연관이 있다. 삶은 콩의 흡수율이 65%인데 반해 두부로 만들었을 때는 그 흡수율이 92~97%까지 증가하니 두부로 섭취하는 것도 좋다.

대두와 메밀, 쌀을 넣고 죽을 쑤면 비와 위를 튼튼히 하고 소화를 돕는다. 현대 연구에서는 콩 속에 함유된 인지질이 대뇌발육에 필요한 물질로써 뇌세포 발육을 촉진한다고 밝혀냈다. 또 기억력을 향상시키고 사유력을 키워 주기 때문에 성인뿐 아니라 어린이에게

죽엽두부콩국수

건죽엽 10g, 두부 반모, 호두 10알, 콩가루 3큰술, 참깨 2큰술, 오이 1/3개, 깻잎 2장, 다시마(장국용) 2장, 소면, 자염, 간장

1. 건죽엽과 다시마는 약불에서 진하게 우려 주세요. 오이는 돌려 각기로 채 썰고, 깻잎도 채 썰어 주세요.
2. 두부는 삶아 가볍게 물기를 닦고 호두, 콩가루, 참깨와 함께 믹서에 곱게 갈아 주세요.
3. 2를 죽엽 우려낸 물로 농도를 맞추어 주세요.
4. 소면을 삶아 사리를 지어 그릇에 담고 3을 부운 다음 채 썬 오이와 깻잎을 올리고 간장을 몇 방울 떨어뜨려 주세요.
   (재피잎을 채 썰어 올려도 좋아요.)

도 좋다.

겨울에 추운 곳에 있다가 손발이 얼었을 때 바로 따뜻한 곳에서 냉기를 빼면 위험하다. 이열치열이라는 말이 있다. 더운 여름날 보양식으로 뜨거운 탕을 먹듯이, 손발이 얼었을 때는 냉기로 빼 주어야 한다. 민간요법에서는 동상에 걸리면 콩을 자루에 담아 손이나 발을 콩 자루 속에 담가 냉기를 뺐다. 무더운 여름날 부족해지기 쉬운 영양도 보충하고 열기도 내려 줄 수 있는 죽엽을 배합해서 간편한 방법으로 죽엽두부콩국수를 만들어 보자.

성장기 어린이의 필수 식품, 톳

톳은 오행체질 분류법에서 수水에 해당되는 신장과 방광을 이롭게 하는 식품이다.

요즘은 마트를 방문해도 톳을 쉽게 만날 수 있어 참 반갑다. 톳은 바다가 키워 내는 해조류로 칼슘과 요오드, 철분이 아주 풍부한 알칼리성 식품이다. 특히 칼슘의 함량이 매우 높은데, 칼슘의 대명사인 멸치만큼 함유하고 있다. 또 섬유질은 우엉의 6.5배에 달하는 양을 함유하고 있어 허약하고 잔병치레가 많은 사람에게 참 좋다. 톳은 섬유소가 풍부해 배변을 촉진하고 숙변을 제거하는 효능도 있는데 변비로 고생하는 사람, 비만으로 고민하는 사람에게 좋은 식품이다.

또한 톳은 중금속 해독에 뛰어난 효과를 나타낸다. 일본사람들에게는 제주도산 톳이 인기가 좋아 제주도에서 채취하는 톳 전량이 일본에 수출됐던 역사도 있다. 톳은 광택이 돌고 굵기가 일정한 것이 좋다.

톳은 충분히 매력적인 영양 성분을 함유하고 있지만 아쉽게도 감칠맛이 부족하다. 또 구성 아미노산 중에서도 히스티딘이나 라이신, 트레오닌이 부족한 것은 아쉬운 점이다. 하지만 보완할 수 있는 좋은 방법이 있다. 바로 두부와 함께 먹는 것이다. 두부는 맛이 순하고 다른 식품과 친화력이 좋아 다양한 요리에 고개를 내미는 식품이다. 마찬가지로 톳을 무쳐서 두부와 함께 먹으면 그 영양가는 배가되고 맛도 있어 환상의 궁합이 된다.

자주 접하지 못한 재료를 다루는 건 언제나 두려운 일이다. 톳은 그리 친밀감 있는 재료는 아닐 것이다. 선택하기에 앞서 망설일 수 있지만, 어려운 방법은 접어 두고, 데쳐서 새콤달콤 톳무침으로 먼저 시작해 보자. 해조류의 건강한 맛에 분명 반하게 될 것이다.

바닷속의 영양식물, 파래

파래는 오행체질 분류법에서 수水에 해당되는 신장과 방광을 이롭게 하는 식품이다.

육지에서 자란 사람에게 해조류는 친숙하지 않은 식품일 수 있다. 파래는 바닷속 영양식물이다. '바다의 비타민'이라는 별명을 갖고 있을 만큼 철분과 칼슘, 비타민이 풍부하다. 파래에 풍부한 철분은 특히 여성의 빈혈에 매우 효과가 좋은데, 흡수율이 낮아서 필요한 철분을 섭취하는 일이 쉽지는 않다. 파래에는 철분 흡수를 도와주는 비타민A와 비타민C도 풍부하게 함유되어 있어 철분 흡수를 도우니 얼마나 고마운 일인가?

파래에는 칼슘도 풍부하게 함유돼 있다. 뼈와 치아를 건강하게 만들고, 여성의 폐경 이후 에스트로겐 감소로 인한 골다공증 예방에도 효과가 있다. 무엇보다도 파래는 흡연하는 사람에게 좋은 식품인데, 담배의 독소를 중화하는 데 가장 좋은 식품이기 때문이다. 파래에 들어 있는 메틸메티오닌methylmethionine 성분이 몸속에 쌓인 유독 성분인 니코틴을 해독한다. 또 파래에 들어 있는 마그네슘은 근육의 긴장을 해소하는 데 좋다.

파래가 제철에 들어서는 시기에 같이 제철을 맞이하는 식품이 있

단감 파래무침

파래 100g, 단감(반건시) 1개, 무침양념(집간장 1작은술, 생강즙 약간, 식초 1큰술, 원당 1작은술), 통깨

❶ 파래는 바닷물의 농도로 소금을 풀어 흔들어서 씻어 먹기 좋게 썰어 주세요.
❷ 단감은 채 썰어 주세요.
❸ 무침장을 만들어 파래와 단감을 넣고 무친 뒤 통깨를 뿌려 주세요.
(채 썬 단감에 파래를 갈비 모양으로 돌돌 말아 주세요.)

다. 바로 단감이다. 제철을 맞은 파래와 단감은 궁합이 잘 맞으니 무쳐서 식탁 위에 올려 보는 건 어떨까?

6장

상화相火 체질

심포장과 삼초부에 좋은
푸드 테라피

상화相火형 체질

<table>
<tr><td colspan="2" rowspan="4"> 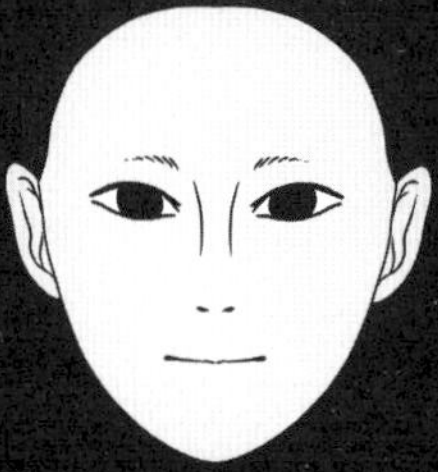</td><td>큰 장부</td><td>심포장,
삼초부(무형의 장부)</td><td colspan="2">떫은맛, 황금색</td></tr>
<tr><td>작은 장부</td><td colspan="3">오장오부의 대소에는 무관, 생명력과 관계있음.</td></tr>
<tr><td>체형</td><td>균형 잡힌 체형</td><td>심포</td><td>심장을 싸고
있는 것</td></tr>
<tr><td>얼굴형</td><td>계란형 얼굴</td><td>삼초</td><td>상초(머리)
중초(목~배꼽)
하초(배꼽 아래)</td></tr>
<tr><td colspan="2">相克</td><td colspan="4">오장오부에 모두 상</td></tr>
<tr><td rowspan="8">영양
식품</td><td>맛</td><td colspan="4">떫은 맛, 담백한 맛, 생내 나는 맛</td></tr>
<tr><td>곡식</td><td colspan="4">옥수수, 녹두, 조 등</td></tr>
<tr><td>과일</td><td colspan="4">토마토, 바나나 등</td></tr>
<tr><td>근과</td><td colspan="4">도토리, 아몬드, 감자, 토란, 죽순 등</td></tr>
<tr><td>야채</td><td colspan="4">콩나물, 버섯, 양배추, 고사리, 두릅, 우엉, 알로에, 당근, 오이 등</td></tr>
<tr><td>육류</td><td colspan="4">양고기, 번데기, 오징어, 명태, 오리 등</td></tr>
<tr><td>조미</td><td colspan="4">토마토케첩, 마요네즈 등</td></tr>
<tr><td>차, 음료</td><td colspan="4">요구르트, 로열젤리 등</td></tr>
<tr><td colspan="2">심포삼초의 지배 부위</td><td colspan="4">견관절, 손, 임파액, 표정, 감정, 생명력, 저항력</td></tr>
<tr><td colspan="2">심포삼초의 주관 시간</td><td colspan="4">전체 시간</td></tr>
<tr><td>소질</td><td colspan="2">언론인, 상인, 중계인, 중매인</td><td>궁합</td><td colspan="2">모든 체질과 무해무득하다.</td></tr>
<tr><td>설득 방법</td><td colspan="2">자기 꾀에 자기가 속도록 유도한다.</td><td>습관</td><td colspan="2">잔꾀를 부린다.</td></tr>
<tr><td>특징</td><td colspan="5">화火형과 비슷하며 미릉골이 튀어나왔고, 눈썹이 많으며,
양 관자놀이가 불룩한 사람으로 맵고 짠 것을 많이 먹어야 한다.</td></tr>
<tr><td>육체적
증상</td><td colspan="5">암환자의 혈액 온도 : 35℃
백혈구 : 비장에서 만든다.
적혈구 : 뼛속(골수)에서 만든다.
심포장 : 들어오는 기능을 관장
삼초부 : 내보내는 기능을 관장
손 : 심포 삼초가 관장</td></tr>
</table>

상화相火형(심포장과 삼초부)의 특징*

상화相火형은 대개 화火형과 비슷하게 생겼다. 눈썹이 짙고 미릉골이 튀어나와 있으며 태양혈, 즉 양 관자놀이 부위가 불룩하게 돌출한 사람을 말한다. 심포장과 삼초부는 무형의 장부로서 보이지 않는 기능들을 주관하며, 심포장(심포락이라 하며 심장을 둘러싸고 있으면서 심心을 보호하고 그 기능을 돕는 작용을 한다. 또한 정신사유 활동에도 관계한다.)은 심장을 보호하고 심의 군화를 대행한다는 의미로 상화라 한다.

심포장은 심장을 에워싸고 있는 외막(外膜, 사발 모양의 적황색 막)이다. 단중膻中 또는 심주心主라고 하며 삼초와 표리가 된다. 삼초는 모든 기를 조절하는 주체이어서 원기는 신장에서 발원한다. 하지만 반드시 삼초의 통로를 통해 전신에 부포되어 각 장부조직 기관의 기능을 격발하고, 추동하므로 실제 삼초는 기가 승강 및 출입하는 중요한 통로가 된다. 삼초인 상초는 횡격막의 윗부분으로 흉부와 머리[頭部] 및 심폐를 포함하는 부위이고, 중초는 횡격막의 아래에서 배꼽[臍] 이상의 복부 및 비위를 포함하는 부위이다. 하초는 배

* 김춘식. 『오행색식요법』, 청홍. 2018.

꼽 이하의 골반, 간장, 신장·대장, 소장, 자궁 등 장기를 포함하는 부위다. 심포장과 삼초부가 잘 발달되어 있는 사람은 혈액순환이 좋고 신진대사가 잘된다.

상화相火형(심포장과 삼초부)의 본래 성격

다재다능하고 능수능란하다. 임기응변이 좋으며 천재적이다. 총기聰氣(좋은 기억력) 있고, 팔방비인이고 생명력이 강하고 생식능력이 좋으며 저항력이 강하고 순발력이 있고 정열적이며 초능력적이고 감각적이며 한열에 대한 저항력이 강하다. 중노동에 대한 저항력이 강하고 병균에 대한 저항력이 강하다. 중재하는 능력, 상업적인 능력이 있다. 신경이 예민하여 상대방의 심리상태를 꿰뚫어 볼 수 있다. 임파액의 순환이 좋고 한寒, 열熱 조절능력이 우수하며 순발력이 좋다.

상화相火형(심포장과 삼초부)의 병든 성격

불안하고 초조해 하며 아니꼽고 창피해 한다. 부끄럽고 수줍어하며 신경이 예민하고 잘 놀란다. 요령을 피우며 잔꾀를 부리며 잘난 척하고 이간질한다. 집중력이 없고 부산하다. 각종 저항력이 없고 우울증. 울화가 치밀면서 흐느끼기를 잘한다. 피곤하고 무기력하다. 신경성 질환이 있다. 이러한 증상은 시간과 관계 없이 환절기에 더 심하다.

상화相火형(심포장과 삼초부)의 병이 들었을 때의 육체적 증상

심장을 대신하여 외사가 심장을 침입했을 때 먼저 심포장에 병이 생긴다. 심포장 삼초부 장상학은 무형의 장부로서 보이지 않는 기능들을 주관한다.심포장 삼초부, 심포경, 삼초경, 음유맥, 양유맥, 견관절, 손(전체, 관절), 표정, 감정, 생명력, 저항력, 면역력, 신진대사. 항상성, 자연치유력, 성장판, 각종선(기관 : 갑상선, 편도선, 임파선, 흉선(단중), 전립선), 각종 신경, 각종 호르몬 등과 관련성을 갖으며 증상으로는 손가락 3지, 4지 이상, 손 이상(손에 지나친 땀, 끈적이는 땀, 손이 뜨겁고 허물 벗겨짐, 주부습진, 손바닥 갈라짐, 악력 저하), 심계항진(가슴 두근거림), 한열왕래, 흉통(단중통 마치 협심증 같음), 매핵, 목과 편도선이 붓고, 임파액(가슴부위), 부종, 복시(물체가 2-3개로 보임), 갈증, 미릉골통(신경성 두통), 중둔근 이상(요하통), 꼬리뼈 통증(오리궁둥이), 신진대사 불량, 협심증, 부정맥, 대백, 전관절염, 손 간절염, 견 관절염, 후중, 이명(귀 울림), 통증과 저린 증상이 이동하고, 혈소판 부족증(재생 불량성 빈혈), 불임증, 습관성 유산, 진저리 등이다. 각종 증후군, 그리고 악성 종양이 발생되면 심포장 삼초부가 현저히 저하되는 증상이 수반된다.

심포장과 삼초부는 상화형에 속하고 무형의 장부로써 면역력과 저항력 등이 약하게 되었을 때 나타나는 증상들이므로 모든 체질에서 나타날 수 있다.

푸드 테라피

심포장과 삼초부는 상화형에 속한다. 무형의 장부로써 면역력과 저항력 등이 약하게 되었을 때는 떫은 맛, 담백한 맛, 생내 나는 맛에 해당하는 옥수수나 녹두, 토마토, 도토리, 콩나물, 바나나, 감자, 토란,

버섯, 양배추, 고사리, 두릅, 우엉, 죽순 등을 먼저 섭생하고 그 외에 모든 체질에 해당하는 음식을 골고루 섭생하는 것이 이로움을 준다.

보랏빛 항암 채소, 가지

가지는 오행체질 분류법에서 상화相火에 해당되는 심포삼초를 이롭게 하는 식품이다.

사람의 식성은 한결같지 않다. 어렸을 때 싫어했던 음식이 성인이 되어서는 맛있게 느껴지기도 하고, 어렸을 때 좋아했던 음식이 성인이 되어서는 꺼려지기도 한다. 사람마다 식성이 다르다고 하지만, 그 식성이 한결같지 않은 것 또한 자연스러운 일이다. 처음엔 꺼리다가 점점 좋아하게 되는 식재료로 가지가 있다.

우리 주변에 호불호가 갈리는 식자재는 많다. 그중에서도 유독 보랏빛 탐스러운 가지는 그 물컹물컹하기도 하고 부드럽기도 한 식감 때문에 호불호가 갈리는 듯하다.

가지는 차가운 성질을 갖고 있으며 단맛과 생내 나는 맛을 지닌 채소로 상화체질의 사람에게 좋다. 가지의 효능은 크게 세 가지를 꼽을 수 있는데, 암癌 환자에게 효과가 있고, 노화를 방지하고, 콜레스테롤을 낮춘다. 특히 가지의 조직이 스펀지 상태로 폭신한 질감을 유지하는 만큼, 튀김이나 볶음 요리에 활용했을 때 식물성 기름에 함유된 토코페롤을 효율적으로 섭취하게 도와준다.

우리의 몸은 하나의 소우주다. 여름 대기권은 더워도 몸은 냉해져 있는 경우가 많기에 입에서 끌리는 대로 차가운 음료나 아이스

가지생강볶음

가지 1개(150g), 생강 50g, 고추장 2큰술, (조청), 통깨, 생들기름, 상추

❶ 가지는 반으로 갈라 어슷 썰어 주세요.
❷ 생강을 곱게 다져 고추장, (조청), 통깨와 혼합해 양념장을 만들어 주세요.
❸ 들기름을 두르고 가지를 볶아 주세요.
❹ 가지가 다 볶아지면 양념장을 넣어 양념장이 섞일 정도로만 볶아 준 후 불을 꺼 주세요. (생강을 넣고 오래 볶으면 쓴맛이 나요.)
❺ 4를 상추와 함께 내 주세요.

가지양념구이

가지, 참기름, 양념장(집간장 2큰술, 고춧가루, 통깨, 생들기름 1큰술, 생강즙 약간, 조청)

❶ 가지는 중간 정도의 굵기로 골라 씻어 반으로 갈라 주세요. 김이 오른 찜통에 5분간 찐 후 식혀 물기를 살짝 짜고 손으로 넓적하게 펴 주세요.
❷ 1 에다 양념장을 만들어 발라 주세요.
❸ 잘 달군 팬에 기름을 두르고 양념장을 바른 가지를 놓아 살짝 구워 주세요. (양념이 묻지 않은 뒤쪽부터 구워 주세요.)
❹ 팬에서 꺼낸 후 다시 한번 양념장을 바르고 적당한 크기로 잘라 접시에 예쁘게 담아 주세요.

크림을 자주 먹으면 속의 장부는 얼어붙기 마련이다. 그렇기에 차가운 음식만 선호할 게 아니라 건강을 지켜 줄 음식을 선택해야 하는 것이다. 더운 여름, 가지생강볶음을 추천한다.

가지는 여름 제철 식재료로 열기를 내려 주는 역할을 한다. 속까지 따뜻하게 해 주지는 못하기에 생강을 배합하면 더운 열기는 내려 주고, 속은 훈훈하게 만들어 준다. 음식은 약성도 있어야 하지만 맛도 있어야 한다. 약성만 있고 맛이 없다면 음식보다는 약이라고 불러야 할 것이다. 여기서 소개하는 가지생강볶음과 가지양념구이는 맛도 좋을 뿐 아니라 몸의 면역력까지 높여 준다.

보릿고개를 견뎌 낼 수 있도록 도와준, 감자(토두)

감자는 오행체질 분류법에서 상화相火에 해당되는 심포삼초를 이롭게 하는 식품이다.

옛 어른들은 감자를 삶을 때 반드시 소금을 쳤다. 염분이 없이 감자를 먹으면 쉽게 헛배가 부르기 때문이었다. 소금을 약간 치면 단맛을 더 느낄 수 있다.

감자는 우리의 식생활에 아주 깊숙이 들어와 있는 식재료 중의 하나이다. 감자로 요리할 수 있는 것은 셀 수 없이 많지만 감자의 항암 효과를 극대화시키려면 화식보다는 생식을 할 수 있는 조리법을 적용하는 것이 좋다. 효능이 훌륭한 식재료일수록 조리법이 간단해야 자주 밥상에 올려 섭취할 수 있다.

감자는 껍질을 벗겨서 조리를 하지만 날것일 경우는 껍질째 먹어도

생감자(토두) 국수

감자 1개(中), 초고추장, 깻잎 또는 차조기잎

❶ 감자를 깨끗이 씻어 껍질을 벗기고 도구를 활용해 국수가락을 만들어요. 그리고 생수에 헹구어 전분을 뺀 후 건져 주세요.
❷ 그릇에 담고 초고추장을 얹은 후 채 썬 깻잎을 올려 주세요.

* 팽이버섯을 볶아 함께 먹어도 좋아요.

감자옹심이

감자 10개, 표고버섯 10장, 다시마(4*5) 5장, 애호박 1개, 생들기름, 집간장, 자염(소금), 양념장(집간장 3큰술, 청·홍고추 2개씩, 통깨, 참기름)

❶ 감자는 껍질을 벗겨 강판에 갈아 면보에 짜 주세요. 건더기와 국물을 따로 그릇에 담고 감자 국물에 녹말이 가라앉으면 윗물은 따라 내고 건더기와 녹말을 섞어 주세요. 자염으로 밑간을 한 후 옹심이를 만들어 주세요.
❷ 표고버섯은 불려 채 썰고, 애호박도 채 썰어 주세요.
❸ 잘 달궈진 냄비에 생들기름을 두르고 표고버섯과 다시마를 볶다가 물을 조금 붓고 끓여 주세요. (다시마는 건져서 채 썰어 주세요.) 국물이 뽀얗게 우러나오면 물을 넉넉히 붓고 집간장으로 심심하게 간을 맞춰 주세요. 국물이 끓으면 옹심이와 채 썬 애호박을 넣고 끓인 후 옹심이가 떠오르면 불을 꺼 주세요.
❹ 그릇에 감자옹심이를 담고 채 썬 다시마를 얹은 후 양념장과 함께 내 주세요.

크게 거슬리지 않는다. 감자는 서늘한 성질이기 때문에 날것으로 조리할 경우는 우리의 전통발효식품인 고추장과 배합하는 것이 좋다.

감자의 주성분인 녹말은 알칼리성 식품이다. 암세포를 정상 세포로 환원시키는 힘이 뛰어나 암 억제 효과가 있다. 또 감자에는 비타민C·B1·B2, 칼슘, 인, 철분 등 다양한 영양 성분이 함유돼 있는데, 이들이 항산화작용을 발휘해 인체 세포의 산화를 방지하고 암을 예방하는 효과를 낸다.

감자와 어울리는 식품은 무엇일까? 의외로 감자를 우유나 치즈와 함께 먹으면 무척 좋다. 감자에 들어 있는 아미노산 중 메티오닌methonine의 함량이 적은 편인데, 우유와 치즈를 함께 먹으면 영양 효율을 높여 보완할 수 있다. 또 감자는 비위가 허약한 사람과 영양이 불량인 사람에게 도움이 되고, 위와 십이지장궤양 환자에게 적합한 식품이다. 유방암, 직장암에 도움을 주고 고혈압, 동맥경화, 비만, 신장염, 습관성 변비에 효과가 있으니 가까이 두고 즐겨 먹어 나쁠 것이 없다.

감자를 고를 때는 적당한 크기에 눈 자국이 얇게 파인 것을 선택하자. 녹색으로 변한 부분이 있거나 씨눈이 많다는 건 오래된 감자라는 뜻이다. 감자의 싹은 꼭 도려내서 조리해야 식중독 유발을 예방할 수 있다.

감자는 삶아도 좋고, 튀겨도 좋고, 구워도 좋고, 끓여도 좋다. 어떻게 먹어도 담백한 맛이 조리법에 어우러져 특유의 맛을 자랑하기 때문이다. 감자를 이용해 생감자국수와 감자 옹심이를 만들어 보자. 별미가 될 것이다.

위험의 반전 매력, 고사리

고사리는 오행체질 분류법에서 상화相火에 해당되는 심포삼초를 이롭게 하는 식품이다.

양치식물인 고사리는 우리나라 전국 각지에서 자생하는 다년생 식물이다. 양지와 음지에서 모두 잘 자라지만, 땅이 오염된 곳에서는 잘 자라나지 못한다는 특징이 있다. 그러니 고사리가 자라고 있는 땅을 만난다면 아직 오염되지 않은 땅이라고 생각해도 좋을 것이다.

고사리는 우리 차례와 제사상에 빠지지 않고 오르는 삼색나물 중 하나다. 그런데 아주 오래전부터 서양에서도 동양에서도 몸에 해로운 식품으로 알려져 왔다. 어린순을 나물로 삼아 맛으로 먹는 데에는 해가 없지만, 잎이 활짝 펴져 성숙하게 자랐을 때는 문제를 일으키기 때문이다. 성숙하게 자란 고사리 잎에는 비타민B1을 파괴하는 특수물질이 있는데, 이것을 먹게 되면 비타민B1의 심한 결핍증을 일으켜 영양균형이 깨지게 된다. 지금처럼 식량자원이 풍부하지 못했던 과거에는 고사리 섭취만으로 생명의 위협까지 느꼈다 해도 과언이 아닐 것이다.

그렇다면 이런 고사리를 안전하게 식탁에 올리려면 어떻게 해야 할까? 초봄에 나는 고사리의 어린 순은 함유된 성분이 순하다. 어린 순을 따서 삶고 햇볕에 건조하는데, 식단에 올릴 때는 건조한 고사리의 어린순을 물에 불리고, 다시 삶은 후 볶는 과정을 더한다. 이러한 과정을 거치는 중에 함유하고 있던 유해 물질이 감소되어 안전해지는 것이다. 삶은 고사리는 이로운 성분을 함유하고 있는데 양념으로 조리하면 무기질 함량이 증가해 결과적으로 영양가가 높은 식품이 된다. 온전히 함유된 영양분이 아니라, 양념과 어우러져 영양분이 증가한다는 점이 참으로 재미있고 귀하다.

고사리에는 석회질이 풍부해 뼈를 튼튼하게 해 주고, 단백질과 비타민B1, 섬유소가 풍부해 피를 맑게 하고 머리를 깨끗하게 한다. 또 말린 고사리에는 얻기 힘든 비타민D가 추가되어 더 귀하다. 고사리는 열을 내리고 담을 없애며 지혈작용을 하는 식품이다. 고혈압 환자나 관절 통증을 겪는 사람이라면 증상을 완화하는 효과를 얻을 수 있으니 고사리 섭취를 두려워하지 않길 바란다.

겨울나물, 냉이

냉이는 오행체질 분류법에서 상화相火에 해당되는 심포삼초를 이롭게 하는 식품이다.

신선한 나물을 먹는 것은 온몸으로 자연을 먹는 것과 같다.

봄나물의 대명사인 냉이의 어린잎은 봄에만 자라는 것이 아니다. 냉이는 여름에 씨앗이 영글어 땅에 덜어져서 가을이 되면 새로운 냉이의 신선한 움이 돋아나온다. 또 한겨울에도 양지바른 곳에 가보면 보호색을 띠어 진한 자주색으로 땅에 바싹 붙어 자라고 있어 겨울에도 그 싱그러운 냉이를 채취할 수 있다.

냉이가 흰 꽃을 피우고 씨앗이 맺힐 4~6월 무렵에 뿌리째 뽑아서 건조시켰다가 차茶 대용으로 삼으면 오장을 이롭게 하는 효

봄동냉이겉절이

봄동 ,냉이 300g, 기장죽 1컵 , 배즙3큰술, 홍시3큰술, 다시마, 통깨, 고춧가루1.5큰술, 간장1큰술, 자염1/2작은술, 생강 약간, 식초

1. 냉이와 봄동은 깨끗이 손질해 씻어 물기를 빼 주세요.
2. 기장(좁쌀)에 7~8배 물을 부어 묽게 죽을 쑤어 주세요.
3. 기장죽이 한 김 나가면 배즙, 홍시, 고춧가루, 간장, 생강즙, 자염, 식초를 넣어 겉절이 양념을 만들어 주세요.
4. 볼에 봄동과 냉이를 담고 3의 양념을 살살 버무려 주세요. 마지막에 통깨를 부셔서 뿌려 주세요.

과가 있다.

또 냉이씨를 거두어 허기질 때 씹어 먹으면 배고픔을 잊게 하며, 또한 냉이씨를 오래 복용하면 풍독風毒과 사기邪氣를 없애 주는 동시에 시력을 선명하게 하는 효력을 나타낸다. 조선의 유중림이 쓴 농서인 『증보산림경제增補山林經濟』에서도 "냉이는 성질이 따뜻하여 오장을 이롭게 하는데, 죽을 끓여 먹으면 간肝에 이롭고 눈을 밝게 하며, 씨앗을 씹으면 배고픔을 잊게 한다."고 하였다. 그래서 보릿고개 시절이면 냉이씨를 훑으러 다니는 사람들이 많았다.

냉이는 봄채소 중에서는 단백질 함량이 가장 많고 칼슘, 철분 같은 무기질이 풍부하다. 특히 냉이의 잎 속에는 비타민 A와 C가 많은 편인데, 냉이 100g만 먹으면 하루 필요한 비타민A의 1/3은 충당된다. 냉이의 비타민 A와 C, 칼슘 덕분에 봄철에 흔히 느끼는 노곤함이 나 나른함을 이길 수 있어 피로회복용 나물로 불리기도 한다. 또한 콜린과 아세틸콜린이 들어 있어 자율신경을 자극하기 때문에 위장이나 부인과 질환, 고혈압, 당뇨 등의 증세에도 좋은 효과가 있다.

냉이는 하나도 버릴 게 없는 식물이다. 연한 뿌리는 겨울부터 캐어 겉절이, 국, 튀김 등으로 먹고, 3~5월이 되어 흰 꽃이 피면 꽃을 따서 샐러드나 화전의 장식으로 쓴다. 또 냉이줄기를 말려서 가루를 내었다가 국수반죽을 할 때나 소스를 만들 때, 된장찌개를 끓일 때 쓰기도 한다. 특히 눈이 나쁘거나 간이 좋지 않은 사람들은 냉이를 섞어 차로 우려 마시기도 한다. 지방간 환자는 냉이를 뿌리째 뽑아 말렸다가 달여 마시면 도움이 된다.

냉이는 식초와 배합하면 냉이의 콜린 성분이 지방간을 예방하고, 카로틴 성분은 시력을 보호해 준다. 냉이를 식초에 무쳐 먹으면 간 기능을 돕고 눈의 피로를 덜어 주는 효과가 있으니 냉이와 봄동을 배합해서 겉절이를 만들어 떨어진 입맛과 기운을 살려보자.

백가지의 독을 해독하는, 녹두

녹두는 오행체질 분류법에서 상화相火에 해당되는 심포삼초를 이롭게 하는 식품이다.

잔칫날이나 명절날에 빠지지 않았던 녹두 빈대떡. 말랑말랑 부드러운 식감을 자랑하는 청포묵. 두 음식 모두 주재료는 녹두다. 녹두를 갈아서 부쳐 낸 녹두 빈대떡과, 녹두를 갈아 체로 걸러 내 앙금을 모아 쑨 청포묵은 좋은 일이 있을 때면 늘 우리 식탁 위에 올라오는 감사한 음식이다.

녹두의 주성분은 전분과 단백질 그리고 지방이다. 특히 녹두에 함유된 단백질은 필수아미노산이 풍부하고 불포화지방산이 함유돼 소화가 잘 되는 편이다. 녹두는 발아시키면 성질이 달라지는 식품이다. 단백질이 분해되어 당질의 양은 급격히 떨어지지만 아르기닌과 아스파라긴산 등의 비단백질이 많아진다. 또한 녹두를 발아시키면 비타민A는 2배, 비타민B는 30배, 비타민C는 무려 40배 이상 증가한다. 그러니 녹두를 그대로 사용하기보다 발아시킨 후 갈아서 사용하면 영양가는 훨씬 높아진다.

녹두는 기의 통로인 경락을 잘 통하게 한다. 오장을 조화롭게 하며 위장을 튼튼하게 하는 효과가 있다. 열은 내리고 갈증을 풀어 주는 식품인데, 여름에 더위를 먹거나 갈증이 심할 때 섭취하면 효과를 얻을 수 있다. 우리가 가장 많이 접하는 녹두 음식은 녹두전일 것이다. 녹두전을 부칠 때는 보통 돼지고기와 돼지비계를 사용하는데, 이렇게 하면 돼지고기가 녹두에 부족한 영양분을 보충해 주어 영양을 섭취하는 데도 도움이 되고 맛도 더 좋아진다. 오래 전부터 내려오는 조리법은 다 이렇듯 이유가 있으니 선조들의 지혜가 참으로 놀랍다.

녹두를 구입할 때는 꼭 통녹두를 구입하자. 일반적으로 녹두는 반쯤 갈아 놓은 것을 구입하는 경우가 많은데 맛도 떨어지고 약성도 떨어져 좋지 않다. 녹두죽을 끓일 때는 물을 곡식의 6배 정도 붓고 뭉근히 끓이는 것이 좋다. 녹두를 편하게 사용하기 위해서는 구

통녹두 빈대떡

통녹두, 묵은지, 숙주나물, 현미유

❶ 녹두에 물을 자박자박하게 부어 4~5시간 정도 불린 뒤 믹서에 갈아 놓아요.
(계절에 따라 불리는 시간을 조절합니다.)
(껍질도 사용해요.)

❷ 묵은지는 국물을 짜서 쫑쫑 썰어 놓고 숙주나물은 깨끗이 씻어 생으로 쫑쫑 썰어 놓아요.

❸ 1과 2를 혼합하여 달군 팬에 한 국자씩 떠 놓고 예쁘게 부쳐 주세요.

Tip.

- 간은 따로 하지 않고 묵은지로 간을 맞추면 돼요.
- 빈대떡은 두껍게 누르지 않고 낮은 불로 부쳐야 해요.

입한 녹두를 한꺼번에 깨끗이 세척한다. 세척한 녹두를 다시 건조해 페트병에 넣어 냉장 보관하여 필요할 때마다 꺼내서 사용하면 된다.

녹두는 해독기능이 뛰어난 식품이다. 평소 먹거리나 오염된 환경에 노출되어 있었다면 식단에 녹두를 자주 올리면 건강에 도움이 될 것이다. 통녹두 빈대떡 만드는 방법을 소개한다.

해물의 맛을 내 주는, 느타리버섯

느타리버섯은 오행체질 분류법에서 상화相火에 해당되는 심포삼초를 이롭게 하는 식품이다.

느타리버섯에는 단백질과 비타민, 미네랄이 골고루 함유돼 있다. 성장기 아이들이나 체력이 약한 성인에게 모두 좋은데, 기운을 내고 위장을 튼튼하게 만드는 효능이 있다. 또 풍을 제거하고 경락을 잘 통하게 한다. 영양불량, 식욕부진의 증상을 겪거나 고혈압, 고지혈증, 동맥경화, 심근경색에 효과가 있다. 위나 십이지장궤양, 연골병, 갱년기 종합증, 수족 마비, 허리 통증, 다리 통증을 완화하는 데

느타리버섯(평고) 무채무침

느타리버섯, 무, 미나리, 고춧가루, 고추장, 원당(비정제 설탕), 식초, 소금, 통깨, 생강 약간

1. 느타리버섯은 소금물에 살짝 데쳐 찬물에 재빨리 씻은 후 알맞은 크기로 찢어 주세요.
2. 무를 곱게 채 썰어 고춧가루를 넣고 버무리고, 버섯은 물기를 살짝 짠 후 고추장을 넣어 버무려 주세요.
3. 무에 소금, 원당설탕, 생강을 넣어 간을 한 후 고추장에 무친 버섯을 넣어 무쳐 주세요.
4. 알맞게 썬 미나리를 넣어 완성해요.

도움을 준다. 특히 두부와 배합했을 때 면역력을 강화하고 혈압과 혈액 속 지방을 낮추는 효과가 있어 함께 먹으면 더욱 좋다.

나는 채식 요리를 하면서 생선 맛을 내고 싶을 때 느타리버섯을 활용한다. 대표적으로는 가을에 무가 제철 맛이 들었을 때 오징어와 함께 새콤달콤하게 무치는데, 오징어가 없을 때 그 맛을 대신해 주는 것이 느타리버섯이다. 이 건강하고 맛있는 음식의 레시피를 공유한다.

선명한 주황빛의 매력, 당근

당근은 오행체질 분류법에서 상화相火에 해당되는 심포삼초를 이롭게 하는 식품이다.

흔히 음식은 맛으로만 먹는 것이 아니라고 한다. 눈으로 보고, 씹는 소리를 듣고, 음식의 향을 맡고, 손으로 만져 보고, 입으로 느끼는 모든 과정이 음식을 섭취하는 하나의 행위라고 할 수 있다. 보기 좋은 떡이 먹기도 좋다고, 요즘은 대중에게도 음식의 플레이팅이 중요하게 인식되는 시대다. 그래서 색감 있는 채소들이 눈에 주는 즐거움 또한 크다. 그 대표적인 채소로 당근을 꼽고 싶다.

선명한 주황빛을 내는 당근은 비타민C와 칼슘, 철, 아연 등의 미네랄과 변비를 예방하는 식물섬유가 풍부한 식품이다. 무엇보다 채소 중에서도 베타카로틴 함유량이 으뜸이다.

베타카로틴은 사람이 섭취할 경우 몸속에서 비타민A로 전환되는 영양소다. 비타민A가 결핍될 경우 시력이 떨어지고 성장 발육도

Raw food 당근 파운드케이크

당근펄프 1.5컵, 채 썬 사과 1/4개, 코코넛미트 2큰술, 다진 반건시 3큰술, 건포도 1큰술, 시나몬파우더 반 작은술

배-캐슈 크림 : 캐슈 1/3컵, 배 1/4개, 바닐라 엑기스 약간, 아가베 시럽 1큰술, 호두 3개, 레몬제스트

❶ 당근펄프는 당근주스를 착즙하고 남은 섬유질을 버리지 않고 활용해 주세요.
❷ 당근 케이크 재료를 큰 볼에 담아 모두 혼합해 주세요.
❸ 배-캐슈 크림은 불린 캐슈, 배, 바닐라 엑기스, 아가베 시럽을 푸드프로세서에 넣고 곱게 갈아 주세요.
❹ 파운드 틀에 유산지를 깔고 배-캐슈 크림을 넣어 주세요.
❺ 당근 믹스를 넣고 두 번 반복해서 쌓아 주세요.
❻ 냉장실에서 10분간 휴지시켜 주세요.
❼ 접시에 파운드 틀을 놓고 뒤집어 케이크를 꺼내 호두와 레몬제스트로 마무리해 주세요.

Tip. 당근의 당도가 케이크의 맛을 좌우하니 당도가 부족할 경우 사과를 넣어 주세요.

더뎌지는데, 당근의 풍부한 베타카로틴은 이를 예방하고 암세포의 성장을 억제하는 역할을 한다. 카로틴은 지용성 물질로 식용 기름을 이용해 요리하면 비타민A의 흡수율을 높일 수 있으니 조리할 때 참고하면 좋다. 당근에는 식물성 섬유인 펙틴도 들어 있다. 비피더

스균을 활성화하는 성분도 함유되어 있어 장의 기능을 정상화하여 변비와 설사를 예방해 준다. 또 비타민C를 분해하는 아스코르비나아제ascorbinase 성분이 함유되어 있는데, 이 때문에 당근을 생식할 때는 다른 채소와 함께 먹는 것을 피하는 것이 좋다.

요즘 생채식인 로푸드 요리가 관심을 받고 있다. 로푸드는 에피타이저에서부터 메인, 디저트까지 불을 사용하지 않고 만드는 조리법을 말한다. 우리 상식으로는 케이크를 만들기 위해서 반드시 불을 사용하고 달걀, 버터, 설탕 등의 재료가 들어간다고 생각하지만, 로푸드 요리에서는 밀가루, 설탕, 달걀, 버터를 사용하지 않는다. 생소할 수 있지만 밀가루 대신 당근을 기본으로 만드는 당근 파운드 케이크 조리법을 소개한다.

중금속 배출에 탁월한, 도토리

도토리는 오행체질 분류법에서 상화相火에 해당되는 심포삼초를 이롭게 하는 식품이다.

산을 좋아하는 사람들에게 도토리는 아주 친숙한 열매일 것이다. 가을 단풍이 곱게 물들고 도토리 열매가 산에 우수수 떨어지면 사람뿐만 아니라 다람쥐도 바빠진다.

도토리는 참나무과 나무의 열매를 지칭하는 이름인데, 『동의보감』에서는 "배에 가스가 찬 사람이나 변이 묽고 설사를 자주 하는 사람, 소변을 자주 보는 사람, 몸이 자주 붓는 사람에게는 도토리묵이 효과가 있다."라고 기록하고 있다.

흑임자도토리묵죽

도토리가루 1컵, 생수 5컵, 흑임자가루 2큰술, 자염(소금) 1/4작은술, 청·홍고추 양념장

1. 궁중팬에 생수를 붓고 도토리가루를 풀어 10분 정도 불려 주세요.
2. 1에 흑임자가루를 풀고 주걱으로 저어가며 끓여 주세요.
3. 도토리가루가 엉기면서 끓기 시작하면 3~5분 정도 더 끓이다 불을 꺼 주세요.
4. 그릇에 담고 청·홍고추 양념장과 함께 내 주세요.

도토리는 치질을 치료하는 효능이 있고 지혈작용을 도와 출혈을 멈추게 한다. 설사를 멈추게 하고 해독작용도 한다. 특히 도토리 속에 함유된 아콘산 성분은 인체 내부의 중금속과 유해물질을 밖으로 내보내는 역할을 하는데, 이 때문에 피로회복, 숙취 제거에 좋은 효능이 있다.

도토리는 떫은맛을 가진 열매로 그 성질은 따뜻해 몸에 열이 많은 사람이 한꺼번에 너무 많이 먹을 경우 변비가 생길 수 있고, 또 혈액순환 장애가 생길 수 있으므로 주의해서 섭취하는 것이 좋다.

도토리의 떫은맛은 쓴 약을 먹을 때의 그 맛과는 다르다. 싫어서 피하는 맛이 아니라 입에서 당기는 떫은맛이다. 떫은맛이 나는 음식은 거의 다 삭혀서 먹기 때문에, 떫은맛을 삭힌 맛이라고 표현하

기도 한다. 발효식품이 대표적이다. 예부터 구황식품으로 쓰인 도토리에는 탄닌 성분이 많이 함유되어 있어 반드시 떫은맛을 걸러내는 것이 좋다. 도토리가루는 보통 묵을 쑤어 먹거나 전을 부쳐 먹는 것이 주된 활용법이다. 하지만 간편하게 아침 식사 대용으로 활용이 가능한데, 녹말 성분이 많아 든든한 포만감을 선물하고 중금속을 해독하는 기능까지 있으니 우리에게 참 고마운 식품이다. 아침 식사를 대신할 흑임자 도토리묵죽을 만들어 보자.

몸의 균형을 맞춰 주는, 바나나

바나나는 오행체질 분류법에서 상화相火에 해당되는 심포삼초를 이롭게 하는 과일이다.

바나나는 다이어트 식품으로 인기가 있고, 식사를 챙기지 못해서 공복일 때 큰 도움을 준다. 당질이 풍부해 과일 중에서 에너지가 가장 많고 소화가 잘 되어 주식으로 이용하는 것도 가능하다. 당질뿐만 아니라 칼륨, 칼슘, 카로틴, 펙틴이 풍부해 우리에게 필요한 영양소를 공급하는 에너지원이기도 하다. 당질과 칼륨은 신체리듬을 빠른 속도로 회복시켜 주며 하루 한 개만 먹어도 성인에게 필요한 칼륨의 양을 충족시킬 수 있다. 그래서 몸을 많이 사용하는 직업을 가진 이들이 비상식량처럼, 혹은 힘이 들 때 에너지 보충 식품으로 애용하기도 한다.

바나나는 입이 마르고 갈증이 나며 열이 있는 사람에게 적합하다. 대변이 건조해 잘 나오지 않거나, 인후가 건조한 증상, 치질, 대

바나나 들깨칩

잘 익은 바나나, 깨끗이 세척해서 건조한 들깨

❶ 바나나는 껍질을 벗기고 0.5mm 폭으로 송송 썰어 주세요.
❷ 썰은 바나나는 들깨를 묻혀 꾹꾹 눌러 주세요.
(누르지 않으면 건조되면서 들깨가 떨어져요.)
❸ 가정용 건조기에 온도를 45도 설정해서 8시간 정도 건조해 주세요.
(중간에 한 번 뒤집어 주면 좋아요.)

변 출혈에 효과를 보인다. 또 바나나의 당질은 소화 흡수가 잘 되기 때문에 위장장애나 설사 증상을 보이는 사람에게도 효과가 있다.

바나나의 또 다른 특징은 과일이지만 과당 비율이 낮고, 포도당 비율이 높다는 점이다. 이 때문에 주식 대용으로 먹을 수 있는 과일이기도 한데, 풍부한 칼륨은 우리 몸 안의 나트륨과 칼륨의 균형을 맞춰주는 역할도 한다. 이처럼 자기만의 특징과 색깔이 뚜렷하면서 항암식품으로도 으뜸인 바나나를 이용해 가족과 함께 즐길 수 있는 간식을 만들어 보자.

버섯의 으뜸, 송이버섯

송이버섯은 오행체질 분류법에서 상화相火에 해당되는 심포삼초를 이롭게 하는 식품이다.

자연산 송이버섯의 생김새를 실제로 본 사람은 생각보다 적다. 송이버섯은 그만큼 구하기 어렵고 귀한 재료다. 명절이나 집에 경사가 있을 때 귀한 대접을 받으며 선물로서 그 역할을 톡톡히 해낸다.

송이버섯은 한국과 중국, 사할린, 일본에서만 나는 버섯이다. 반드시 살아 있는 적송의 뿌리에서만 자라는데, 우리나라 송이버섯의 품질은 세계 제일이라 칭송받는다. 미식가들 사이에서는 9월 송이를 먹기 위해서 일 년을 기다린다고 하니 그 가치는 맛을 느껴 본 사람만이 제대로 알 수 있는 게 아닐까.

송이버섯뿐만 아니라 모든 버섯에서는 유독 감칠맛이 잘 우러나온다. 버섯에서 나는 감칠맛은 구아닐산guanylic acid 성분에서 비롯되는데, 특히 송이와 표고에 많이 들어 있다. 또한 송이에는 'MAP'라는 물질이 들어 있는데 항抗종양 단백질로 암세포만 골라 공격한다는 사실이 밝혀지면서 항암제 대안으로 떠오르고 있다.

송이버섯은 위암, 직장암의 발생을 억제하는 항암 성분이 들어 있고, 특히 인후암과 뇌암, 갑상선암, 식도암에서 좋은 효과가 확인되었다. 순환기 장애에도 효능이 있으며, 병에 대한 저항력을 길러 주기 때문에 우리 몸에 참 고마운 식품이다.

송이버섯은 다룰 때도 그 특색을 살릴 수 있도록 조심하는 것이 좋다. 특히 송이버섯 특유의 향기를 보존하기 위해서는 살짝 구워야 하고, 찌개나 국에 넣어 먹을 때도 먹기 바로 직전에 넣어 잠깐만 끓여야 한다. 그렇지 않으면 특유의 송이 향이 날아가 버린다. 손질할 때는 흙이 묻어 있는 기둥 끝부분을 대나무칼로 도려내는데, 물로

송이버섯국

송이버섯 2개, 무 100g, 생들기름, 집간장 약간, 다시마

1. 무는 얇게 나박 썰고, 손질한 송이는 대나무칼로 얇게 저며 주세요.
2. 열이 오른 팬에 생들기름을 살짝 두르고 무와 다시마를 볶다가 물을 붓고 집간장으로 간을 해 끓여 주세요.
3. 무가 충분히 끓으면 송이를 넣고 우르르 끓인 다음 불을 꺼 주세요.

씻지 않고 젖은 행주를 꼭 짜서 조심해서 닦아 내는 것이 좋다.

모든 재료에는 저마다 알맞은 손질 방법이 있다. 조리 과정에서 그 특징을 무시하고 손질한다면 재료의 영양분을 파괴할 수도 있다. 재료의 특징을 안다는 건 어려운 일이 아니다. 조금만 관심을 가지면 될 일이다.

산에서 바로 딴 송이는 솔잎으로 흙만 털어 내고 그대로 먹지요. 그만큼 손질을 하지 않는 것이 송이를 제대로 먹는 법입니다. 향을 살리려면 너무 익혀서도 안 됩니다. 날것으로 먹는 것이 가장 좋고, 익힐 때는 살짝만 굽거나 찝니다. 구울 때도 기름을 쓰지 않고 소금도 굵은 소금을 갈아 쓰는 것이 좋습니다. 스님들은 호박잎에 송이를 얹고 소금을 약간 뿌린 후 잎으로 싸서 아궁이 재 위에 놓아 구워 드신답니다. (『선재 스님의 사찰음식』에서 발췌)

3대 장수식품, 양배추

양배추는 오행체질 분류법에서 상화相火에 해당되는 심포삼초를 이롭게 하는 식품이다.

양배추는 식물성 섬유질이 풍부해 변비 예방에 좋은 식품이다. 앉아서 생활하는 시간이 길고 산성이 체질화된 현대인에게는 꼭 필요한 채소이기도 하다. 양배추는 비타민A·C·K가 풍부해 요구르트, 올리브와 함께 3대 장수식품으로 꼽힌다. 또 함유된 이온과 염소, 두 종류의 미네랄은 강력한 정화작용을 한다. 이는 체내의 노폐물을 분해해 장과 피부가 깨끗하게 유지될 수 있도록 돕고, 피를 맑게 해 간을 튼튼하게 만든다. 또 양배추에는 암세포를 파괴하는 종양괴사인자 TNF도 들어 있어 암을 예방하는 효과도 있다.

칼로리는 낮지만 충분한 포만감을 주어 다이어트 식품으로 인기가 있는 양배추는, 푸른 겉잎과 단단한 심에 칼슘과 비타민이 풍부하게 함유돼 있다. 하지만 남은 양배추를 보관할 때는 심을 빼고 보관하는 것이 좋다. 잎에 있는 영양소를 심이 흡수해 자라기 때문이다.

양배추를 생채소로 활용할 수 있는 방법에는, 여름철 배추가 귀할 때 담그는 양배추 김치가 있다. 여름 배추는 비싸기도 하지만 맛도 제철 배추만큼 좋지 않다. 이럴 때 양배추로 김치를 담그면 쉽게 무르지도 않고 맛도 훌륭하다. 날씨가 더우니 보리쌀을 푹 삶아서 풀을 대용하면 좋고, 양념은 다른 김치와 동일하게 해도 좋다. 단, 젓갈을 이용하지 않고 전통간장을 사용해 보자. 더욱 깔끔한 맛이

양배추 김밥

생김 8장, 깻잎 16장, 잘게 썬 양배추 2컵, 무짠지, 오이, 당근 1/3개, 초고추장

❶ 깻잎은 깨끗이 씻어 물기를 닦아 주고, 양배추는 잘게 다지고, 무짠지는 채 썰어 생수에 잠시 담가 짠맛을 빼 주세요.
❷ 오이는 길게 썰어 소금에 약간 절여 물기를 닦고 당근은 어슷 썰어 채 썰어 주세요.
❸ 초고추장을 만들어 주세요.
❹ 생김을 펼치고 그 위에 깻잎을 놓고 다진 양배추를 올리고 나머지 재료들을 골고루 잘 올려 김밥 말듯이 잘 말아 주세요.
(김 끝에 생수를 살~짝 발라 주시면 접착제 역할을 해요.)
❺ 한입 크기로 잘라서 접시에 담고 위에 초고추장을 방 방 올리고 통깨를 뿌려 주세요.

여름철 달아난 입맛을 사로잡아 줄 것이다. 양배추의 건강한 식감과 함께 영양소를 온전히 섭취할 수 있는 양배추 김밥 만들기 레시피도 소개한다.

시원한 수분 제공자, 오이

오이는 오행체질 분류법에서 상화相火에 해당되는 심포삼초를 이롭게 하는 식품이다.

오이는 시원한 맛이 일품인 풍부한 수분 덩어리다. 산에 오르는 사람들은 생오이를 씹으며 갈증을 달래고 부족한 수분을 보충한다. 한여름 더위를 먹었을 때, 식욕이 없을 때도 오이는 도움이 된다.

오이에는 비타민A와 C가 풍부하게 함유돼 있는데, 그중에서도 오이에 든 비타민C는 피부 미용에 아주 좋다. 오이를 하늘거리도록 얇게 썰어서 얼굴에 얹어 본 경험은 누구에게나 있을 것이다. 우리는 이미 오이가 피부건강에 좋다는 사실을 알고 있는 것이다.

오이는 청열, 이뇨, 해독의 효과가 있다. 이뇨 성분은 몸의 부종을 내리고 몸속에 쌓인 습기와 불순물, 불필요한 염분을 배출하는 역할을 한다. 또 피를 맑게 하고 몸을 정화시키는 효능도 있다. 오이의 베타카로틴은 강한 항산화 성분으로 항암작용을 하고, 다량 함유된 유황 성분은 탈모를 예방하는 효과가 있다. 하지만 아무리 좋은 음식도 체질에 맞지 않으면 소용없다. 위가 약한 사람의 경우 오이를 생으로 먹으면 설사를 할 수 있으니 오이를 달여서 즙으로 만들어 먹자. 그렇게 하면 위가 약한 사람이라도 무리 없이 오이의 영양분을 흡수할 수 있고, 체내의 열을 내리는 데 도움이 된다.

오이로 요리를 만들 때는 당근과 무를 함께 쓰지 않는 것이 좋다. 당근에 들어 있는 비타민C 파괴 효소가 오이의 비타민C를 파괴하기 때문이다. 생채를 만들 때 오이와 무를 함께 쓰는 경우도 많은데 이 역시 피하는 것이 좋다.

오이를 잘게 썰면 아스코르비나아제ascorbinase라는 효소가 발생하는데, 이 효소 역시 비타민C를 파괴한다. 하지만 이 효소는 산酸에 약하므로 미리 식초를 뿌리면 비타민C가 파괴되는 것을 어느 정

오이감정

오이 1개, 두부 1/2모, 표고버섯 3개, 전분 약간, 생들기름
양념 : 생들기름, 집간장 1작은술, 고추장 2큰술, 된장 1작은술, 풋고추 2개, 홍고추 1개, 채수 3컵

❶ 두부는 가로, 세로 1.5cm 크기로 썰어 물기를 거둘만큼만 전분을 묻혀 튀겨 주세요.
❷ 오이는 소금으로 문질러 씻어, 한입 크기로 삼각뿔 모양으로 썰어 주세요.
❸ 냄비에 채수를 넣고 고추장과 된장을 풀고 생들기름을 약간 넣어 주세요.
❹ 3이 끓으면, 표고와 1을 넣어 한 번 끓이고 부족한 간은 집간장으로 맞춰 주세요.
❺ 4에다 오이를 넣어 무르지 않도록 한 번만 푸르르 끓인 다음, 청·홍고추를 넣고 불을 꺼 주세요.
(생강즙을 약간 넣어도 좋아요.)

도는 예방할 수 있다.

오이는 날것으로만 요리를 하는 것이 아니라 오이가 주인공이 되어 찌개도 끓일 수 있다. 이것을 '오이감정'이라고 하는데 '오이감정'은 조선시대 궁중음식으로 오이를 어슷하게 썰어 쇠고기를 넣고 끓이는 고추장찌개를 말한다. '감정'이란 궁중에서 고추장찌개를 가리키던 말로 건지가 많고 국물이 잘팍한 형태로 끓이는 찌개이다.

수염 난 채소할배, 옥수수

옥수수는 오행체질 분류법에서 상화相火에 해당되는 심포삼초를 이롭게 하는 식품이다.

십여 년 전, 옥수수수염을 우려내 만든 음료가 인기를 끌었던 적이 있다. 옥수수는 그 열매뿐만 아니라 수염도 쓰임이 요긴하다. 수염을 그늘에 말려 끓인 차는 이뇨제로서 신장병 오줌소태, 동맥경화 예방에 도움이 되고 얼굴에 오르는 열기를 내려주는 데 탁월한 효과가 있다. 또 식은땀이 나는 증상의 경우 약한 불에 옥수수심을 한 시간 정도 끓여 마시면 도움이 된다. 물론 옥수수의 알맹이든 수염이든 섭취는 좋지만 단백질을 함께 먹는 것이 중요하다. 고단백 식품이면서 거의 모든 무기질을 함유하고 있는 우유를 곁들여 보자. 그 맛도 맛이지만 영양 보충에도 더할 나위 없이 좋다. 옥수수와 배합하면 좋은 또 다른 식품으로는 바나나가 있다. 바나나를 옥수수와 함께 섭취하면 에너지 공급원이 되어 피로를 빨리 회복할 수 있다. 옥수수는 당질이 풍부해 좋은 에너지원으로 활용되고, 바나나의 비타민C가 신진대사를 촉진하기 때문이다.

여름작물인 옥수수의 주성분은 전분이다. 비타민B군을 함유하고 있긴 하지만, 다른 곡류에 비해 비타민B6의 함량이 매우 적다. 하지만 옥수수 씨눈에는 올레산, 리놀레산, 불포화지방산과 레시틴, 비타민E가 아주 풍부하게 들어 있다. 이렇게 풍부한 영양성분은 위와 장을 튼튼하게 도와주고, 소화액의 분비를 높여 식욕과 소화를 촉진하는 효과가 있다. 장의 연동운동을 활발하게 바꿔 주며 폐를 보하는 효과와 함께 정신을 안정시키는 효과가 있다. 특히 주목할 만한 것은 옥수수의 항암 효과다. 옥수수의 멜라토닌 성분이 항암 효과에 탁월하기 때문이다.

로푸드에서는 옥수수를 날것일 때는 채소로 분류하고, 익힌 옥수수는 곡류로 분류한다. Raw 옥수수 스프를 만들 때 효소가 담뿍 담긴 아보카도는 반으로 갈라 씨를 빼고 과육만 준비하자. 푸드프로세서에 생옥수수와 아보카도를 넣고 적당량의 생수를 붓는다. 이때 아가베 시럽을 넣은 다음 소금 한 꼬집을 넣어 갈아 준다. 그릇에 담고 차조기를 채 썰어 얹으면 좋다. 전을 할 때에도 밀가루가 부담스럽다면 옥수수로 부치는 것도 좋다. 요리는 상상력을 필요로 하는 영역이다.

인내심을 키워 주는, 우엉

우엉은 오행체질 분류법에서 상화相火에 해당되는 심포삼초를 이롭게 하는 식품이다.

우엉은 열을 내리는 효능과 해독작용을 가진 식품이다. 종기에 효과가 있고 기침을 멈추게 하는데, 특히 인내심을 키워 주는 식품이기도 하다. 우엉을 섭취하면 신진대사를 촉진해 혈액순환을 활발하게 해 주는데, 소갈증과 대변을 잘 나오게 하는 효능도 탁월해서 다이어트 식품으로도 알려져 있다. 또 여성의 생리불순, 생리통, 혈액이 탁한 증상에 효과가 있다.

우엉과 율무를 배합해서 죽을 쑤어 먹으면 이뇨작용이 더 활발해

우엉 된장소스 덮밥

소스 : 우엉 1/3대, 단호박(애호박) 1/2개, 된장 2큰술, 채수 4컵, 양송이 5개, 표고버섯 4장, 청·홍피망 1/3개씩, 두부 1/2모, 참깨 3큰술, 원당 약간, 고춧가루 약간, 흑임자참기름, 생들기름, 물녹말(마른녹말 2큰술), 자염(소금)

채수 : 다시마, 표고버섯, 무

1. 두부는 소금을 약간 뿌려 물기를 뺀 후 팬에 노릇하게 구워 놓아 주세요. 우엉은 강판에 갈아 놓고 참깨는 분마기에 갈아 놓아주세요.
2. 단호박, 표고버섯, 양송이, 구운 두부, 피망은 모두 같은 모양으로(작은 깍뚝 썰기) 썰어 주세요. 표고버섯은 생들기름에 고실고실하게 볶아 주세요.
3. 채수에 된장을 먼저 풀고 단호박, 표고버섯, 양송이를 넣고 함께 끓여 주세요. 채소가 익으면 두부, 우엉과 참깨 갈은 것을 넣고 원당과 고춧가루로 간을 해 주세요.
4. 3에 물녹말을 넣어 농도를 걸쭉하게 맞춘 다음 흑임자참기름을 약간 넣고 불을 꺼 주세요.

져 노폐물 배설에 좋고, 사마귀, 피부 검버섯과 같은 피부 증상을 완화하는 데 도움이 된다. 우엉의 또 다른 특징은 풍부한 섬유질이다. 뿌리채소 가운데 섬유질이 가장 많이 함유돼 있는데, 두들겨서 찹쌀가루를 묻혀 팬에 구우면 마치 갈치를 구운 것과 같이 구수한 맛

우엉찹쌀구이

우엉(중간 크기) 1대, 찹쌀가루 1/2컵, 자염, 식용유, 양념장(집간장, 풋고추, 흑임자)

1. 우엉을 깨끗이 씻어 5cm 정도의 길이로 토막 내 반으로 썰어 주세요. 풋고추는 양손바닥 사이에 놓고 비벼 반으로 갈라 씨를 털고 다져 주세요.
2. 우엉을 김이 오른 찜통에 넣고 약한 불에서 약간 설컹거릴 정도로 쪄 주세요. 찐 우엉은 반으로 자른 쪽이 위로 가게 도마 위에 놓고 안쪽부터 방망이로 두들겨 넓적하게 펴 주세요.
3. 찹쌀가루에 소금과 우엉 찐 물을 넣고 되직하게 반죽을 해 주세요.
4. 팬이 달궈지면 식용유를 두르고 2의 우엉에 찹쌀 반죽을 앞뒤로 묻혀 노릇노릇 하게 부쳐 주세요.
   양념장을 만들어 우엉찹쌀구이에 뿌린 후 접시에 예쁘게 담아 내 주세요.

이 난다.

우엉을 살 때는 흙이 묻어 있는 상태 그대로, 통째로 구매하자. 굵기는 100원짜리 동전 굵기가 적당하고, 터진 부분 없이 곧게 뻗은 것으로 고르는 것이 좋다. 우엉은 조리 직전에 씻어서 준비하는 것이 좋은데, 흙을 씻어 내고 겉껍질은 칼등으로 살살 긁은 다음 물로 헹군다. 우엉의 갈변을 예방한다는 이유로 식초물에 담그는 것은 옳지 않은 방법이다. 우엉의 영양소를 파괴하는 일이 될 수 있기 때문이다. 우엉을 강판에 갈면 섬유질이 배가 된다. 이것을 자장면소스를 만들 듯 우리 전통 된장과 배합해 된장소스를 만들면 맛도 좋고 영양 흡수율도 높일 수 있다. 이렇게 만든 된장소스로 덮밥 요리를 만들어 보자. 우엉찹쌀구이도 소개해 본다.

쑥쑥 자라는, 죽순

죽순은 오행체질 분류법에서 상화相火에 해당되는 심포삼초를 이롭게 하는 식품이다.

녹음이 가득한 대나무 숲에 가보면 깜짝깜짝 놀랄 때가 많다. 훤칠하고 길게 뻗은 긴 대나무 가지에 한 번 놀라고, 같은 자리에서 쑥쑥 자라나는 그 성장 속도에 또 한 번 놀란다. 죽순은 이렇게 대나무의 땅속줄기 마디에서 돋아나는 어리고 연한 싹을 말한다. 놀라운 것은 아직 어린 싹이지만 성장한 대나무에서 볼 수 있는 형질을 다 갖추고 있다는 점이다.

봄철이 제철인 죽순은 그 독특한 식감이 일품이다. 이 식감은 풍부한 섬유질 때문인데, 장을 규칙적으로 움직이게 만들어 변비를 해소하는 효능이 있다. 죽순을 섭취하면 대장의 유익균을 번식하는 것을 돕고, 장을 튼튼하게 만들며, 대장암을 예방하고 콜레스테롤 제거에도 좋다. 따라서 동맥경화, 고혈압, 비만 같은 성인병을 예방하고 싶다면 죽순을 가까이 하자. 또 죽순은 입덧을 다스리고 신경안정에도 좋은 채소다.

요리에 든 죽순을 먹어 본 경험은 있어도, 죽순을 직접 다루어 본 사람은 생각보다 많지 않다. 그래서 작은 노하우를 전하고자 한다. 죽순을 삶을 때 전통된장을 넣어 보기를 권한다. 전통된장이 죽순의 아린 맛을 중화시키기 때문이다. 삶은 죽순을 찢어서 건조하면 마치 마른오징어와 같은 식감과 풍미를 느낄 수 있다. 맥주 안주로 그만이다. 대는 줄기뿐만 아니라 잎도 활용 가치가 높은데, 댓잎은 방부 작용을 한다. 무더운 여름날에는 열기를 내리고 단백질 보충을 해 주기 위해서 콩국수를 즐겨 먹는데, 콩국수물을 대나무 잎을 삶아 활용해 보면 좋다. 또 떡을 찔 때도 댓잎에 싸서 찌면 쉽게 상하지 않는다.

우리 주변에 가까이 할 수 있는 모든 재료는 자연으로부터 온 선물이다. 그 선물을 어떻게 아끼고 활용할지는 우리 스스로의 선택일 것이다.

땅속의 알, 토란

토란은 오행체질 분류법에서 상화相火에 해당되는 심포삼초를 이롭게 하는 식품이다.

추석은 풍성하다. 먹을 것이 넉넉하니 마음도 풍성해진다. 그 해에 수확한 먹을거리를 가지고 조상과 천지를 향해 감사드리며 푸짐하게 음식을 해 먹는다. 추석에 빼놓지 않는 음식이 숙주나물과 토란국이었다. 숙주나물은 녹두를 길러서 만든 나물이다. 녹두는 백가지의 독을 해독한다고 할 만큼 뛰어난 해독 식품이다. 옛날부터 토란을 '땅속의 알'이라고 할 만큼 영양가가 높으면서 소화흡수가 잘 되는 음식이다.

'더도 말고 덜도 말고 한가위만 같아라'란 말이 있듯이 먹을 것이 부족했던 시절, 풍성한 추석에는 과식하기가 쉽다. 그러나 숙주나물과 토란국을 함께 먹으면 체하는 일이 없다. 이들 식품이 해독작용과 소화작용을 돕는 역할을 하기 때문이다.

토란은 참으로 까다로운 식품이다. 맛은 맵고 아리며 성질은 찬데, 독이 있어 손질이 어렵다. 그래서 조리하기 전에 꼭 한 번은 삶아서 조리하는 것이 좋다. 이렇게 얘기하면 손질이 어렵고 아린 맛의 토란을 왜 섭취하는지 의문이 들 수 있겠지만, 토란은 그만의 매력이 듬뿍 담긴 소중한 식재료다. '땅의 달걀'이라고 부를 만큼 높은 영양가를 담고 있고, 어려운 손질에 비해 깊은 맛을 내는 아주 특별한 식품이다.

토란의 주성분은 당질과 단백질인데 칼륨도 풍부하게 함유하고 있고, 다른 감자류에 비해서 칼로리가 낮은 장점이 있다. 탄수화물 대사에 필요한 비타민B1, 지방 연소에 필요한 비타민B2, 변비와 다이어트에 효과적인 섬유질도 풍부하다. 토란을 손질해 보면 장갑을 끼고 있어도 미끈미끈한 점액 성분을 느낄 수 있다. 이 성분이 바로 갈락탄galactan이라는 당질인데 소화에 특별한 효능을 보인다.

토란에 함유된 전분은 입자가 작아서 가루로 만들면 소화에 더 도움이 된다. 변비 예방과 치료에도 효과를 볼 수 있는데, 뱃속의 열을 내리고 간장과 신장을 튼튼하게 하며, 노화 방지에도 효과가 있는 장점이 있다. 다만, 토란을 생으로 먹었을 때는 중독 증상이 나타날 수 있으므로 주의할 필요가 있다.

토란만큼이나 토란줄기도 좋은 식품이다. 토란줄기에는 칼슘 함량이 높아서 성장기 아이들에게 좋고, 골다공증 예방이 필요한 중장년층에게도 좋다. 또 토란과 다시마를 배합하면 토란의 유해 성분과 아리고 떫은맛을 다시마가 제거해 주어 섭취하기에 더 좋다. 차례상에 오르는 탕국을 끓일 때, 토란을 넣고 다시마를 사용하는 것은 이 같은 이치에 맞닿아 있다.

토란을 섭취할 때 가장 중요한 것은 바로 손질하는 방법이다. 토란에는 아린 맛이 담겨 있기 때문에 반드시 한 번 삶은 후 사용해야 한다. 또 잘못 손질하면 두드러기가 발생하므로 손질할 때는 꼭 비닐장갑을 끼거나 손에 기름을 바르고, 토란 껍질을 벗기는 것이 좋다. 만약 맨손으로 손질하다가 가려움증을 느낀다면 소금물을 이용해 바로 씻어 내자. 가려움증이 금방 가라앉는다. 토란을 쌀뜨물에 담가 두었다가 껍질을 벗겨 소금물에 살짝 데쳐 사용하는 것도 좋다. 이렇게 손질만 제대로 한다면, 토란은 다양한 영양 성분을 듬뿍 담고 맛도 좋은 요리가 되어 줄 것이다.

면역력을 높여 주는, 토마토

토마토는 오행체질 분류법에서 상화相火에 해당되는 심포삼초를 이롭게 하는 식품이다.

토마토는 참 신기한 채소다. 분명 분류에 따르면 채소가 맞는데, 우리나라에서는 채소보다는 과일로 많이 섭취해 왔다. 하지만 유럽에서는 우리가 양파와 마늘을 사용하듯 토마토를 양념 재료로 많이 활용한다.

새빨간 빛깔이 인상적인 토마토는 건강에 아주 좋은 채소다. 베타카로틴, 비타민C, 비타민A·B1·B2, 니코틴산과 비타민P의 일종인 루틴이 들어 있다. 특히 비타민P는 모세혈관을 강화하고 혈압을 내리는 작용을 하기에 고혈압과 동맥경화를 예방하는 효과가 있어 성인병 예방에 좋다. 토마토의 새빨간 색은 카로티노이드의 일종인데, 세포노화를 막고 면역력 저하에 따른 다양한 질병을 예방해 준다. 특히 붉은 부분에 들어 있는 라이코펜lycopene 성분은 폐를 건강하게 하는데, 담배를 많이 접하는 사람이 섭취하면 좋다. 전립선암 발생 위험을 35%나 줄이는 예방 효과가 있으며, 피를 맑게 해주는 정혈작용을 한다.

토마토는 비타민C 공급을 위한 최고의 채소기도 하다. 토마토에 함유된 비타민C는 다른 과일이나 채소에 함유된 비타민C보다 강력하게 발암물질을 억제하는 작용을 한다. 또 하루 한 개만 먹어도 하루에 필요한 비타민C의 2/3를 보충할 수 있고, 피부가 고와지며, 감기와 스트레스에 대한 저항력도 높인다. 면역력이 화두인 최근의 사회 분위기 속에서 어쩌면 토마토는 다시 주목받아야 할 채소일지도 모른다.

토마토는 찬 성질의 채소다. 몸이 찬 체질은 완숙 토마토를 팬에 기름을 드르고 익혀서 섭취해 보자. 찬 성질도 내려 주고 영양 흡수율도 높여 준다. 또 익지 않은 토마토를 먹으면 어지럽거나 오심, 구토 등의 증상이 발현될 수 있으므로 주의하는 게 좋다.

토마토를 이용해 환자식에 어울리는 죽을 만드는 것도 괜찮다. 생수 5컵에 땅콩과 대추를 적당히 넣고 끓이다가, 쌀과 좁쌀 한 컵을 넣어 죽을 만든다. 마지막에 토마토 한 개를 잘게 썰어 넣고 5분 정도 더 끓여서 완성한다. 토마토와 좁쌀은 맛의 분류로 상화에 해당하고, 대추와 찹쌀은 토에 해당하는 식품이다. 땅콩은 고소한 맛으로 목에 해당한다. 토土의 기운이 강하면 수水의 기능을 극하기 때문에 목木의 기운을 넣어 균형을 맞추었다. 토마토 땅콩죽은 암癌 환자의 기혈을 보할 수 있는 훌륭한 약선 요리다.

참나무에 매달린, 표고버섯

표고버섯은 오행체질 분류법에서 상화相火에 해당되는 심포삼초를 이롭게 하는 식품이다.

콩이 밭에서 나는 고기라면, 버섯은 산에서 나는 고기라고 부를 수 있다. 그중에서도 표고버섯은 그 신비한 효능이 알려지면서 최고의 항암식품이라는 평가를 받는다.

표고버섯은 영양이 풍부한 식품이다. 단백질, 당질, 비타민 B1·B2, 칼슘, 인, 철분 성분이 들어 있다. 단백질은 풍부하게 함유돼 있고 콜린, 퓨린과 각종 아미노산이 함유되어 있다. 표고버섯의 다당체는 암 독소가 인체 내 면역 계통에 미치는 영향을 줄이고 제거하는 작용을 하는데, 화학치료 약물에 의한 면역 임파세포의 억제작용도 줄일 수 있다. 최근에는 표고버섯 다당체의 항암작용이 다른 화학요법 약물과 다르다고 밝혀져, 표고버섯이 면역형 항암약

표고버섯 냉면

냉면국수 4인분, 표고버섯 10장, 수박(배 또는 참외) 갈은 것 4컵, 현미유(고추기름) 5큰술, 오이 1/2개, 생들기름 5큰술, 고춧가루 4큰술, 간장 2큰술, 통깨, 식초, 원당, 겨자, 자염

1. 표고는 물에 불려 채 썰어 주세요. 오이는 곱게 채 썰고 수박은 분쇄기에 갈아 주세요. (배나 참외는 강판에 가는 것이 좋아요.)
2. 궁중팬에 기름을 두르고 표고를 노릇하게 볶아 주세요. 표고가 볶아지면 생들기름과 고춧가루를 넣고 표고가 꼬들꼬들 해질 때까지 구수한 맛이 나도록 볶아 주세요. 여기에 간장을 넣고 한 번 더 볶아 주세요.(고춧가루를 넣은 후에는 타지 않게 불 조절을 해 주세요.)
3. 2를 식힌 후에 수박즙을 넣고 소금, 식초, 통깨, (겨자)를 넣어 양념장을 만들어 주세요.
4. 냉면국수를 삶아 사리를 지어 주세요.
5. 그릇에 냉면국수를 담고 3의 양념장을 듬뿍 얹은 다음 채 썬 오이를 얹어 내 주세요.

으로 평가받고 있다.

표고버섯은 일 년 내내 재배된다. 하지만 사시사철 만날 수 있는 재료라도 제철은 있다. 3월에서 5월, 그리고 9월에서 11월 사이가 표고버섯의 제철이다. 언제 먹어도 탱글탱글한 식감과 듬뿍 담긴 영양소는 그대로지만, 아무래도 제철에 만난 그 향과 맛만큼은 못할 것이다. 재배하는 버섯은 봄과 가을 두 번 수확할 수 있는데, 자연이란 참 신비하게도 제철에는 잘 자라다가 여름 기온이 올라가거나 겨울 기온이 내려갈 때 그 성장을 딱 멈춘다. 내가 사는 곳 주변의 산에도 소나무 숲이 있어 표고버섯 목을 세워 놓고, 요리 수업에 필요한 표고버섯은 내가 직접 따서 손질한다. 손질 후 말리고 남은 것은 지인들과 나누어 먹는데, 이 표고버섯 맛을 본 사람들은 표고버섯에 대해 다시 생각하게 된다.

우리는 참 쉽게 재료를 사서 편하게 만들어 먹기를 원한다. 그리고 이 계절에 제철 재료가 무엇인지를 모르는 사람도 늘어만 간다. 일상이 바쁘더라도 잠시 자연에 눈길을 돌려 계절의 변화를 느껴보자. 계절의 변화를 바라보며, 체질에 맞는 재료를 선택해 조리하면서 먹는 일이 얼마나 소중한 일인지 생각해 본다면 건강하고 행복한 삶이 될 것이다.

밥상의 착한 단골손님, 콩나물

콩나물은 오행체질 분류법에서 상화相火에 해당되는 심포삼초를 이롭게 하는 식품이다.

우리나라는 콩의 원산지이자 종주국으로, 한국 음식의 기본인 간장과 된장 모두 콩을 원료로 하여 만든다. 그 중에서도 콩 음식 가운데 최고는 콩나물이라 할 수 있다.

콩은 단백질은 풍부하지만 비타민C는 들어 있지 않다. 그러나 콩나물이 되는 과정에서 비타민C가 생성되고, 피로 회복과 숙취 해소에 효과가 큰 아스파라긴산이 많아진다. 콩나물 200g(두 줌 정도)이면 성인에게 필요한 1일 비타민C의 양(70㎎)을 충족할 수 있다. 콩나물은 『본초강목』에서 '채중지가품菜中之佳品'이라고 극찬한 식품이다. 단백질을 비롯해 비타민C는 물론 B1, B2와 아스파라긴산, 칼슘, 철분, 식물성 섬유 등 영양이 풍부하다. 따라서 피로를 빨리 풀어 주며, 근육통을 완화하고, 비만을 개선한다. 또한 기氣의 순환장애나 스트레스도 풀어 준다. 피부 미용에도 좋으며 변비를 없애고, 특히 산후 어혈을 빨리 제거해 주는 역할도 한다.

소변의 양이 줄거나 설사를 하거나 가슴이 답답할 때도 콩나물을 먹으면 효과를 얻을 수 있다. 콩나물은 모든 음식과 잘 어울릴 뿐만 아니라 가녀린 몸과는 달리 수많은 영양을 담고 있다. 또 계절에 상관없이 물만 주면 자라는, 말 그대로 착한 식품이자 칼로리가 낮아 많이 먹어도 매일 먹어도 부담이 없는 고마운 식품이기도 하다. 콩나물은 발아發芽됨과 함께 비타민B1과 아스파라긴산이 급격히 증가하여 5~6일간 지속되다가 그 후부터는 줄어들기 시작한다.

콩나물은 우리 식탁에 늘상 올라오는 것이기 때문에 자칫 콩나물의 훌륭한 가치를 낮게 평가할 수 있다. 콩나물을 한방에서는 '대두황권'이라 해서 우황청심환의 재료로 쓰인다고 한다. 또 예부터 숙취 해소에 좋고 감기 기운이 있을 때 콩나물국에 고춧가루를 타서 먹곤 했다. 콩나물에는 아스파라긴산이라는 성분이 있기 때문에 그러한 효능을 볼 수 있는 것이다.

'아스파라긴산' 엑기스를 만들어 식생활에 활용해 보자.

우선 콩나물을 깨끗이 씻어 유리 밀폐용기에 담고 그 위에 레몬

콩나물 장조림

콩나물 400g, 간장 1큰술, 조청 2큰술, 생들기름(참기름) 약간, 흑임자 약간

1. 콩나물을 다듬어 씻어 냄비에 담아 뚜껑을 덮고 쪄 주세요.
2. 1에 간장과 조청을 넣고 은근한 불에서 콩나물이 완전히 쪼그라들 정도로 조려졌을 때 기름과 통깨를 넣고 버무려 주세요.
3. 그릇에 담고 흑임자를 살~짝 뿌려 주세요.

을 슬라이스해서 덮는다. 레몬을 넣는 이유는 콩나물의 비린 향을 잠재우기 위함이고 또 비타민C도 보충하기 위함이다. 레몬 위에 윗부분이 다 덮일 정도로 조청을 올린다.

이렇게 하면 삼투압작용에 의해 콩나물의 수분이 쪼~옥 빠져 콩나물이 실같이 된다. 이때 걸러서 냉장 보관하면서 음료로 마시면 좋다. (음료로 마실 때 소금을 한 꼬집 넣으면 더욱 맛있는 아스파라긴산 음료가 된다.)

다음은 콩나물무침을 만드는 방법을 소개해 본다.

콩나물을 씻어 냄비에 물을 약간만 넣고 콩나물을 익힌다. 익힌 콩나물을 찬물에 헹구지 말고 얼른 선풍기 바람에 식혀서 각자 기호에 맞게 양념해서 무친다.

콩나물을 삶을 때 물을 많이 넣고 삶아서 다시 찬물에 헹구면(찬물에 헹구는 것은 아삭한 식감을 살리기 위함.) 수용성 영양소가 물에 녹아

나간다. 우리가 조리를 할 때 우리 몸에 넣어 줘야 할 영양소를 생각 없이 하수구에 모두 주는 경향이 있다.

또 나물을 무칠 때는 소금으로 간을 맞추는데 소금과 전통간장 반반으로 간을 맞추는 게 더 맛있는 나물무침이 된다. 조미료는 각각의 기능이 있다. 소금은 깔끔한 맛을 내 주고 간장은 감칠맛을 내 준다.

전통으로 내려오는 조리법에는 부족한 것은 늘리기도 하고 넘쳐나는 것은 줄여 주는 지혜가 깃든 조리법들이 있다. 30년 전에만 해도 콩나물은 각 가정에서 길러 먹었다. 콩나물은 싹이 터서 자라다 보면 어느 순간에는 감당하지 못할 정도로 양이 많아진다. 이럴 때 콩나물을 활용한 특별한 찬을 만들어 보자.

보론

음양오행으로 이해하는 우리 민족의 정신문화

문화란 지식, 신앙, 예술, 법률, 도덕, 풍속 등 사회구성원으로서 인간이 획득한 능력과 습관으로, 총체적 인간 삶의 영역이라고 할 수 있다. 동양문화의 기저에는 대자연과 만물의 변화의 원리인 음양오행이 녹여져 있다. 그러한 음양오행 자체가 동양학이며, 사물이나 사건을 의미하는 상징의 체계로 보편화되어 있다. 특히 우리 민족 문화의 두드러진 특징 중의 하나가 자연과의 조화를 추구하는 것이며 이러한 경향이 문화전반에 걸쳐 생활 속에 뿌리 깊이 자리하고 있음은 누구도 부정할 수 없는 사실일 것이다. 자연과 우주의 원리에 순응하려는 노력은 음양오행이라는 철학적 근거를 바탕으로 구체화됨에 따라 우리 민족은 예로부터 세상의 모든 이치가 음양오행에 의해 이루어지고 있다고 믿어 왔다. 음양오행에서는, 우주 삼라만상은 밝은 것과 어두운 것, 하늘과 땅, 남성과 여성 같이 음양의 쌍으로 존재하며 또한 낮과 밤, 차고 기움, 밀물과 썰물 같이 음양의 이치로 변해간다. 그 음양운동이 구체적으로 펼쳐지는 모습이 오행으로, 즉 만물은 목화토금수木火土金水의 다섯으로 변화·순환한다는 말이다. 사계절이 뚜렷하고 강수량이 풍부하며 일조량이 많아 동식물이 번성하는 데 필요한 천혜의 자연환경을 가지고 있는 한반도의 민족으로서는 어쩌면 음양오행을 가장 현실적인 삶의 근본으로 받아들이기 쉬웠는지 모른다. 그래서인지 음양오행사상은 우리 민족의 의식 및 생활 전반에 깊숙이 자리하고 있다. 즉, 음양오행사상은 한민족韓民族이 입고 먹고 자는 삶의 기본 조건을 시작으로 사회생활과 관련한 모든 일에 직접 또는 간접적인 영향을 미치고 있을 뿐 아니라 삶의 전반에 걸쳐 관계되어 있다.

1. 음양오행으로 보는 문화

우리가 살고 있는 땅은 하늘과의 공간에 있다. 하늘은 공기의 배분, 눈·비 등을 내려 땅의 생명체를 존재할 수 있도록 한다. 우리가 온 곳이 하늘이고 갈 곳도 그 곳이다. 땅은 만물을 포용하고 기른다. 태양은 양의 상징, 생명의 원천이다. 달은 태양의 빛을 반사 받으며 지구를 도는 위성이다. 밀물과 썰물의 작용을 하며 여성의 생리주기와 달의 주기가 일치하는 등 인간 존재에 영향이 커 태양과 짝을 이룬다. 삶과 죽음은 주기로 순환하며 날 때부터 죽음을 생각하였다. 물은 차갑고 생명의 원천이다. 불은 뜨겁고 에너지의 원천이다. 水火의 유기는 생명성이 살아있다는 것이다.

남자는 상체 발달, 강함, 동動, 이성적 판단을 한다.

여자는 하체 발달, 약함, 정靜, 감성적 판단을 한다.

남자는 양陽으로 음陰을 지향하고, 여자는 음陰으로 양陽을 지향한다.

예를 들면,

볼일 볼 때 : 남자는 길을 등지고, 여자는 큰길을 향한다.

기와 : 수키와는 엎어진 모양, 암키와는 누운 모양이다.

그 외에도 안과 밖(內外), 밝고 어두움(明暗), 왼쪽과 오른쪽(左右), 홀수와 짝수, 정신과 육체 등이 음양으로 볼 수 있다. 오행에서는 오색으로 靑(목), 紅(화), 黃(토), 白(금), 黑(수)를 볼 수 있고 방위로는 동東(목), 서西(금), 남南(화), 북北(수), 중앙(토)이고, 오상에서는 목木(仁), 화火(禮), 토土(信), 금金(義), 수水(智)로 본다.

2. 음양오행적 우리 민족의 생활교육 문화

단군시대부터 내려오는 '단동십훈檀童十訓'은 왕족들의 교육 방식이었다.

음양오행의 기저로 인간 존엄성을 강조하면서, 이지적이며 활동적이면서 낙천적인 요소가 깃들어진 독특한 교육을 전수해 왔다.

○ 제1훈- 불아불아弗亞弗亞 : 아이의 허리를 잡고 세워서 좌우로 기우뚱 기우뚱하면서 '부라부라'라고 하면서 귀에 익혀 준다. 불弗은 '하늘에서 땅으로 내려온다'는 뜻이고, 아亞는 '땅에서 하늘로 올라간다'는 뜻을 말하며, 불아불아弗亞弗亞는 신이 사람으로 땅에 내려오고 신선이 되어 다시 하늘로 올라가는 무궁무진한 생명을 가진 아이를 예찬하는 뜻이다.

○ 제2훈- 시상시상詩想詩想 : 어린이를 앉혀 놓고 앞뒤로 끄덕끄덕 흔들면서 '시상시상' 하고 흥얼댄다. 사람의 형상과 마음과 신체는 태극과 하늘과 땅에서 받은 것이므로 사람이 곧 작은 우주이다. 이 인식 아래 조상님을 거슬러 올라가면 인간 태초의 하느님을 나의 몸에 모신 것이니, 어른을 공경하는 경로사상의 표현하고 하늘의 도리에 순종해야 한다는 것을 나타낸다.

○ 제3훈- 도리도리道理道理 : 머리를 좌우로 돌리는 동작이다. 천지에 만물이 무궁무진한 도리로 생겨났듯이 너도 도리로 생겨났음을 잊지 말라는 뜻이며, 대자연의 섭리를 가르치는 뜻이다.

○ 제4훈- 지암지암持闇持闇 : 두 손을 앞으로 내놓고 손가락을 쥐

었다 폈다 하며 '잼잼' 하는 손놀림이다. 명암을 가리고 무궁한 진리는 금방 깨닫거나 알 수 없으니 두고두고 헤아려 깨달으라는 뜻이다.

○ 제5훈- 곤지곤지坤地坤地 : 오른쪽 집게손가락으로 왼쪽 손바닥을 찧는 동작이다. 하늘(陽)의 이치를 깨닫고 사람과 만물이 서식하는 땅(陰)의 이치도 깨닫는 천지간의 무궁무진한 조화를 배우라는 뜻이다.

○ 제6훈- 섬마섬마西摩西摩 : 어린이를 세우면 서(立)라는 말로 섬마섬마라고 하는 동작이다. 서쪽 마귀에 대한 경고인 동시에 東道(정신)만으로는 안 되므로 西器(물질)로 홀로서기 독립하고 정신과 물질에서 조화롭게 발전하라는 뜻이다.

○ 제7훈- 업비업비業非業非 : '어비어비' 하면서 소리와 표정을 하면서 해서는 안 되는 것에 대하여 무서움을 가르치는 말이다. 어릴 때부터 조상님의 발자취와 순리에 맞는 삶을 살라는 뜻인데 자연 이치와 섭리에 맞는 업이 아니면 벌을 받게 된다는 뜻이다.

○ 제8훈- 아합아합亞合亞合 : 손바닥으로 입을 막으며 '아함' 소리를 내는 동작이다. 두 손을 가로 모아 잡으면 亞자의 모양이 되어 이것은 천지 좌우의 형국을 이 몸속에 모신다는 것을 상징하는 뜻이다.

○ 제9훈- 작작궁 작작궁作作弓 作作弓 : 두 손바닥을 마주치며 소리 내는 동작이다. 천지좌우와 태극을 맞부딪쳐서 하늘에 오르고 땅으로 내리며, 사람으로 오고 신으로 가는 이치를 깨달았으니 손뼉을 치면서 즐겁게 유희하자는 뜻이다.

○ 제10훈- 질라아비 훨훨의地羅亞備 活活議 : 아이의 팔을 잡고 영과 육이 잘 자라도록 춤추며 나팔을 분다. 천지우주의 이치를 깨단

고 지기地氣를 받아 생긴 육신을 活活훨훨하게 자라 잘 살아가자는 뜻이다.

3. 음양오행적 민속놀이와 음식 문화

사물놀이

신명나게 사물四物놀이가 펼쳐지는 마당에도 음과 양이 펼쳐 내는 조화가 연출된다.

금속소리를 내는 꽹과리와 징은 양陽이 되고 가죽소리를 내는 북과 장구는 음陰이 된다.

특히 소리가 높은 꽹과리는 양중의 양이라 해서 태양太陽이 되고, 징은 양중의 음이라 소양少陽이 된다. 그리고 소리가 낮은 북은 음중의 음으로 태음太陰이 되고, 소리가 높은 장고는 음중의 양으로 소음少陰이 된다. 사람의 몸에서는 머리, 가슴, 배, 골반이 각각 태양, 소양, 태음, 소음에 해당한다. 그래서 꽹과리를 마구 쳐 댈 때는 머리통이 찌릿찌릿하고, 징을 치면 가슴통이 저려 오며, 북을 치면 배통이 울렁거리고, 장고를 치면 오줌이 마려워지는 것이다.

처용무

처용무란 처용 가면을 쓰고 추는 춤을 말한다. 궁중무용 중에서 유일하게 사람 형상의 가면을 쓰고 추는 춤으로 '오방처용무'라고도 한다. 통일신라 헌강왕(재위 875~886) 때 처용이 아내를 범하려던 역신 앞에서 자신이 지은 노래를 부르며 춤을 춰서 귀신을 물리쳤다는 설화를 바탕으로 하고 있다. 처용무는 5명이 동서남북과 중앙의 5방향을 상징하는 옷을 입고 추는데 동東은 파란색, 서西는 흰색, 남南은 붉은색, 북北은 검은색, 중앙中央은 노란색이다.

처용무는 처용과 역신의 대결을 상극과 상생의 원리로 풀어냄으로써 상호 조화와 화합의 원리를 표출하고 있다. 즉 황색의 처용을 중심으로 오방과 오행의 상생원리에 따라 춤사위가 순차적으로 진행되어 만물이 조화와 화합을 이룬다는 음양오행의 사상적 원리를 그대로 내포하고 있는 것이다. 음양오행의 원리에 따른 절제된 춤사위는 장중하고 느린 중후한 멋과 함께 정중동의 경지를 드러낸다. 이러한 전통은 만물의 조화와 화합을 상징적으로 내포한 대표적인 본보기로 춤의 문화적 가치와 예술적·미학적 의미를 극대화했다.

윷놀이

윷놀이도 우주원리를 담고 있다. 앞뒤로 구분되는 윷가락은 음양을 상징하며, 4개의 윷가락은 사상四象을 의미하고, 엎치고 자치는 가운데 팔괘八卦의 변화가 펼쳐진다. 그리고 도-개-걸-윷-모의 다섯 가지 변화는 오행을 상징하는 것이다. 이 외에도 청샅바와 홍샅바가 서로 뒤엉키어 겨루는 씨름에서도 놀이 문화 속에 깃든 태극의 음양 이치를 엿볼 수 있다.

민속음식 문화

① 오곡

오곡은 모든 곡식을 총칭하는 말이지만 특별히 벼·보리·조·콩·

기장 등 다섯 가지의 주요 곡식을 지칭한다. 오곡은 오행의 개념으로 해석되어 색으로 보면 노란색은 토土, 푸른색은 목木, 붉은색은 화火, 흰색은 금金, 검은색은 수水가 되고 맛으로 보면 단맛은 토土, 신맛은 목木, 쓴맛은 화火, 매운맛은 금金, 짠맛은 수水가 된다. 또한 파종 시기와 열매 맺는 시기가 봄이면 목, 여름이면 화, 가을이면 금, 겨울이면 수, 사계에 걸쳐 생기면 토가 되고 성장환경에 있어 물에서 자란 것은 수, 땅에서 자란 것은 토, 나무에 달린 것은 목이 된다. 그러나 오곡은 목, 화, 금, 수, 토의 어느 한 가지 기운만으로 생기는 것이 아니고 2, 3개 이상의 기운이 합하여 자라며, 모든 곡식에는 토의 기질이 공통적으로 포함되어 있다. 이 오곡에 포함된 오행의 기운은 인간의 몸속으로 에너지를 공급함은 물론 각 신체 내부 기관의 기능을 돕고 건강을 유지해 주는 중요한 역할을 한다.

② 한식 상차림

식생활에 있어서 중요한 식기인 반상盤床, 그릇, 수저 등으로 이루어진 한식 상차림에도 음양오행의 사상이 깃들어 있다. 차려진 음식이 놓이는 반상은 대부분 둥근 형태로 양陽을 상징하며 상의 다리 4개인 것은 사방四方과 땅인 음陰을 상징한다.

둥근 그릇의 형태는 양으로, 그릇에 담긴 음식을 통해 하늘의 양기를 몸에 받아들이고자 했다. 또한 한 개의 둥근 숟가락은 양이고 2개의 긴 젓가락은 음으로, 수저를 함께 사용하는 것은 음양의 조화를 의미한다. 그런가 하면 재질로 볼 때 반상은 나무이며, 수저와 그릇은 금·은·유기 등의 쇠나 흙으로 만든 도자기이고, 간장·국·찌개·동치미 등은 수기水氣, 어육은 불에 굽거나 찐 것으로 화기火氣가 포함되어 있다. 이렇듯 음식과 식기로 이루어진 상차림에도 음양오행이 모두 구비되어 있다.

③ 오행체질분류의 식사법

오행체질은 먼저 타고난 체질을 목, 화, 토, 금, 수, 상화형으로 분류하고 현재의 상태를 파악한 후 그 사람에게 맞는 음식을 배합한다.

배합에 앞서 오행체질분류의 기본원리는 다음과 같다.

구분	장부	음식
목체질	간과 담낭	신맛: 팥, 딸기, 포도, 모과, 사과, 앵두 등
화체질	심장과 소장	쓴맛: 수수, 살구, 은행, 자몽, 상추, 홍차, 커피 등
토체질	비장과 위장	단맛: 기장, 참외, 호박, 대추, 고구마, 인삼, 식혜 등
금체질	폐장과 대장	매운맛: 현미, 율무, 배, 고추, 생강, 수정과 등
수체질	신장과 방광	짠맛: 콩, 서목태, 밤, 수박, 미역, 소금, 마, 두유 등
상화체질	육장육부가 동일	옥수수, 좁쌀, 녹두, 우엉, 고사리, 콩나물, 감자, 토란, 죽순, 도토리 등

이렇듯 우리 민족은 정신문화와 놀이문화, 음식문화를 중심으로 뿌리 깊은 음양오행의 문화생활이 자리 잡고 있어 함께 생활해 왔다.

4. 건강을 지키는 식생활

첫째, 음陰과 양陽의 조화를 이룬 식생활을 해야 한다. 식물성과 동물성, 밥과 국, 배가 부르면 양陽의 상태이고, 소화되어 음식물이 없어지면 음陰의 상태이다. 어떠한 음식이든 지나치게 차거나 지나치게 뜨거운 것을 먹으면 병이 생긴다.

둘째, 물은 음양탕을 만들어 마시자. 펄펄 끓인 물을 컵에 담아 끓인 물의 양만큼 찬물을 부으면 음양탕陰陽湯이 된다. 이것은 뜨거운 물과 찬물의 음양이 합해진 탕이란 뜻이니 평소 물을 마실 때 음양탕을 만들어 마시는 습관을 들이자. (반드시 뜨거운물을 먼저 붓고 그 다음에 찬물을 부어야 한다.)

셋째, 신토불이와 제철 음식을 먹어야 한다. 자기가 살고 있는 고장 또는 나라에서 생산되는 음식과 제철에 자연 그대로 나는 것이 내 몸에 가장 좋다. 또한 가능한 친환경 농산물을 먹어야 한다. 농약이나 제초제를 많이 뿌린 농산물로 만든 음식은 소화와 장기에 부담을 주고 병의 원인이 된다.

넷째, 가공 횟수가 적은 신선식품을 섭취하면서 전체식을 해야 한다. 전체식은 식재료를 낭비하지 않는 것도 있지만 영양소를 빠짐없이 섭취하고 전체가 어우러진 맛을 위해서이다. 쌀은 현미가 좋고, 채소는 날것이 좋으며, 과일도 제철 과일로 껍질까지 먹는 것이 좋다. 채소는 잎채소와 뿌리채소, 열매채소, 새싹을 균형있게 섭취하고, 과일도 목본 과일과 초본 과일을 5 : 5 비율로 먹는 습관을 들이자.

다섯째, 양질의 염분을 섭취하자. 염분은 가능한 간장(전통발효식품)을 통해 섭취하고 소금을 쓸 경우 정제염이 아닌 천일염으로 만든 죽염 또는 최소한 볶음 소금 등 약성이 있는 소금으로 싱겁지 않게 간을 맞춰 먹어야 면역력을 키워 질병의 예방에 큰 도움이 된다.

여섯째, 제대로 된 발효식품을 먹자. 제대로된 '장醬'은 우리 식탁에서 가장 중요한 음식이다. 음식은 약이 되기도 하고 독이 되기도 한다. 그래서 중화시켜 먹어야 하는데 그 중화제가 '장醬이다. 음식과 발효음식이 함께 어우러져야 몸에 흡수가 된다. 모든 식재료는 간장, 된장, 고추장으로 중화시켜야 한다. 식사할 때는 김치나 된장, 간장 등의 발효음식을 가운데 놓으며 밥을 한술 뜨기 전에 발효음식부터 맛을 본 후 먹어야 한다. 서양음식도 마찬가지다. 발사믹식초나 치즈를 곁들이고 고기에는 와인을 곁들여 먹는다. 음식을 중화시켜야 할 빌효음식이 현대에 와서는 각종 첨가제와 화학성분으로 오염되어 있으니 건강에 이러저런 문제가 생기는 것이다.

일곱째, 정제하지 않은 자연 그대로의 식품을 먹어야 한다. 영양성분이 균형있게 담긴 자연식품에 비해 정제식품은 영양의 균형이 깨져 있으므로 우리 몸 안에서도 불균형을 일으킨다. 가령 섬유질은 영양소는 아니지만 우리 몸에서 곡물의 영양분이 천천히 분해되도록 돕는다. 섬유질이 제거된 정제곡물은 빨리 흡수되어 위와 대장 등 장기에 무리를 준다.

현대인의 대표적 성인병인 당뇨는 췌장의 기능이 떨어져 당을 분해하는 인슐린이 적게 나와 생긴다. 또 섬유질은 몸속의 찌꺼기와 독소를 배출시키는 역할을 한다. 섬유질이 부족하면 몸속의 독소가 쌓이게 되므로 병을 일으키는 원인이 된다.

이상의 일곱 가지만 잘 지켜도 면역력을 키우는 데 크게 도움이 될 것이다.

5. 친환경 농산물의 단계적 호칭

△ 유기 농산물(녹색 표시) : 3년간 농약 및 화학비료를 전혀 사용하지 않고 재배한 농산물.

△ 전환기 유기 농산물(연두색 표시) : 2년간 농약 및 화학비료를 전혀 사용하지 않고 재배한 농산물.

△ 무농약 농산물(하늘색 표시) : 농약을 사용하지 않았으나 법에서 정한 허용량 이내에서 화학비료를 사용하여 재배한 농산물.

△ 저농약 농산물(주황색 표시) : 법에서 정한 농약 사용허용량의 절반 이하를 사용하여 재배한 농산물.

* 친환경 농산물 표시는 제도개선에 따라 달라질 수 있으며 정보를 얻으려면 농림축산식품부나 국립농산물품질관리원 등 유관기관의 홈페이지에 들어가면 쉽게 정보를 얻을 수 있다.

6. 건강 10훈

건강이 지침이 되는 '건강 10훈'이 사회적으로 많이 회자되고 있다. 그 이유는 다음과 같다.

(1) **소육다채**小肉多菜 **: 고기를 적게 먹고 채소를 많이 먹자.**

동물성식품은 양陽이고 식물성식품은 음陰이다. 우리는 양陽의 지방인 온대 지방에 산다. 따라서 양陽인 고기보다 음陰인 채소를 많이 먹어 음양陰陽의 조화를 이루는 것이 자연의 이치다.

과학적으로도 육식을 소화 분해하려면 많은 양의 산소가 요구된다. 탄소동화작용을 통하여 산소를 가지고 있는 잎채소를 많이 먹어 주면 산소 결핍현상을 막아 주어 '무산소 증식세포'인 암세포의 발생을 억제할 수 있는 것이다. 또 섬유질이 많아 변비를 예방하고 노폐물을 몸 밖으로 배출하는 작용을 하니 채소를 많이 섭취하는 것은 좋은 일이다.

(2) 중염다초中鹽多醋 : 염분을 적당히 섭취하고 초를 많이 먹자.

보통 소염다초少鹽多醋라고들 한다. 일반적으로 싱겁게 먹자는 말인데 앞에서 서술한대로 우리 몸은 적정량의 염분을 요구하고 있다. 이를 생리적 식염수라 한다.

적게(싱겁게) 먹자는 표현보다 적당히 섭취하자는 말이 옳을 것이다. 필자는 전통방식대로 재래식간장을 통한 염분 섭취를 권하고 싶다. 발효식품은 신체의 깊은 곳까지 영향을 미칠 수 있기 때문이다. 또한 식초는 흩어진 기운을 수렴하는 성질을 가지며 몸을 유연하게 하는 것으로 알려져 있다. 전통발효식품인 감식초 등을 권하고 싶다.

(3) 소당다과小糖多果 : 설탕을 적게 먹고 과일을 많이 먹자.

현대는 설탕 과잉시대다. 웬만한 음식 속에는 거의 설탕이 들어간다. 심지어 반찬을 만드는 데도 들어간다. 단맛은 중앙 토土 기운으로 한쪽으로 치우친 지나친 맛을 중화시켜 주는 성질을 가지고 있다.

문제는 자라나는 어린이나 청소년들이 초콜릿, 청량음료, 케이크, 아이스크림 등 설탕이 많이 들어 있는 식품을 과잉 섭취하는 데 있다. 이렇게 되면 이를 분해하기 위해 많은 양의 '인슐린'이 췌장에서 분비되어야 하고 이런 일이 반복되면 췌장이 무리하여 정상기능을 잃게 되어 당뇨로 이어진다. 이런 폐단을 막기 위해 천연당분이 함유된 과일 등을 많이 섭취하여 건강을 도모해 보자는 뜻으로 해석된다.

과일은 음양논리에서 보면 뿌리도 잎도 아닌 열매로써 음양이 조화된 중성의 먹을거리로 보아야 한다. 과일은 농약 피해가 적은 것으로 선택하면 좋고, 현실적으로 무농약 재배가 어려우므로 먹을 때 잘 씻어 가급적 표피를 깎지 말고 먹는 것이 좋다. 밝혀진 바에 의하면 사과의 경우 표피에 '히친산'이란 물질이 있어 농약 속에 들어 있는 중금속은 물론이고 몸속에 있는 중금속까지도 몸 밖으로 배설시키는 작용을 하는 것으로 되어 있다.

(4) 소식다작少食多嚼 : 음식을 적게 먹고 많이 씹자.

소식이 장수의 비결이라는 말을 많이 한다. 그러나 공복감을 참아가면서 적게 먹기란 여간 어려운 일이 아니다. 대부분 배부르다는 포만감이 있어야 수저를 놓게 된다.

그런데 이 배부르다는 느낌도 결국 우리 뇌에서 감지하는데, 음식을 적게 먹더라도 많이 씹게 되면 뇌에서는 많이 먹은 것으로 기억되어 포만감을 일찍 느끼게 된다는 것이다.

또 많이 씹어 위에 들어가면 소화 기능이 활발하여 소화 흡수율이 높아지므로 적게 씹고 많이 먹는 것보다 영양의 효율성을 높일 수 있다. 이렇게 되면 위에 부담을 주지 않고도 목적하는 영양을 섭취할 수 있기 때문에 나온 이론일 것이다. 결국 식습관이 문제다.

(5) 소번숙면少煩熟眠 : 근심을 적게 하고 잠을 깊이 자자.

우리 속담에 '하루 한 끼를 먹어도 근심걱정이 없어야 산다'는 말이 있다. 현대적으로 말하면 스트레스가 없어야 한다는 뜻도 되겠다. 모든 것을 자연의 순리에 맡기는 여유로움이 있어야 할 것 같다. 그래야 잠도 잘 올 것이다.

일반적으로 '소번다면少煩多眠'이라 하여 잠을 많이 잔다고 표현하지만, 오래 잔다 하더라도 숙면이 되지 않으면 잠의 효과를 누릴 수 없기 때문에 '다면多眠'보다는 '숙면熟眠'이라 하는 것이 옳을 듯싶다.

현대의 바쁜 생활 속에서는 잠자는 데 많은 시간을 투자할 수 없다. 잠도 경제적으로 자야 하는 것이다. 숙면은 보통 잠의 두 배 정도의 효과를 가져다준다. 그래서 깊이 자는 숙면인 것이다. 숙면은 적당한 운동 등 건전한 생활이 선행되어야 한다.

(6) 소노다소少努多笑 : 화를 적게 내고 많이 웃자.

예로부터 '성냄은 간과 심장을 상하게 한다.'고 했다. 성을 내면 얼굴이 붉어졌다가 심하면 낯빛이 푸르게 된다. 성내는 것을 즐겨하는 사람은 없을 것이다. 그러나 무조건 참아 삭히는 것도 건강에는 좋지 않을 듯싶다. 가능한 화나지 않는 분위기를 만들어 가야 되겠고, 꼭 화낼 일이 있으면 조금은 내야 한다. 그래서 '무노無怒'가 아니고 '소노少怒'라 한 것 같다.

우리 속담에 '웃는 낯에 침 뱉으랴?'라는 말이 있듯이 웃음은 우리 주위를 환하게 한다. 과학적으로도 웃으면 '엔도르핀endorphin'이란 호르몬이 분비되어 우리 몸의 신진대사를 원활하게 한다니 많이 웃는 것이 건강에 좋다는 말은 당연하겠다.

(7) 소의다욕少衣多浴 : 옷은 적게 입고 목욕을 자주 하자.

옷을 제2의 피부라 한다. 여러 기능 중에 추위를 막아 체온을 유지하는 기능이 제일 클 것이다. 그런데 옷을 너무 많이 입게 되면 크게 두 가지 측면에서 부작용이 초래된다.

그 첫 번째는 피부 호흡이 원활치 못하게 된다. 우리 몸에는 수많은 모공이 뚫려 있다. 이 모공을 통하여 산소가 공급되고 노폐물이 발산되어 피부기능을 정상화시키는데, 옷을 두껍게 입으면 산소공급이 원활치 못하여 피부가 정상기능을 할 수 없게 된다. 따라서 피부가 약해지고 피부를 통한 노폐물이 원활히 빠져 나가지 못해 피부노화가 빨리 올 수 있는 등 부작용이 초래된다.

두 번째는 옷을 많이 입거나 두꺼운 옷을 입게 되면 열을 발산할 수 없게 되어 체온이 상승하게 되고 체온을 떨어뜨리기 위해서는 몸 내부가 차가워질 수밖에 없다. 인간의 몸은 36.5도를 유지하려는 자동시스템이 되어 있다. 이렇게 되면 몸 내부 온도가 내려가 각종 질병으로 연결될 수 있는 개연성을 갖게 되는 것이다. 몸이 열을 내어야 각종 세균 등이 기생할 수 없다. 옷을 적당히 입어 추울 때는 몸이 스스로 열을 낼 수 있도록 해 주어야 한다.

(8) 소언다행少言多行 : 말은 적게 하고 행동을 많이 하자.

사람의 얼굴에 귀가 둘 있고, 입이 하나 있는 것은 듣는 것을 말하는 것의 두 배로 하란 뜻이라 한다. 다시 말하면 말을 적게 하란 뜻을 가지고 있다. 건강 측면에서 보면 말은 많은 에너지 곧 기氣가 소모된다. 장시간 강의하고 기가 소진 되었을 때 기를 회복시키는 데는 많은 시간이 걸린다.

(9) 소욕다시少慾多施 : 욕심은 적게 내고 많이 베풀자.

욕심은 결국 소유욕이다. 사람이 욕심이 없을 수 없겠지만 지나친 욕심은 화를 자초할 뿐만 아니라 건강도 상하게 된다. 남을 위해 좀 더 많이 베푼다면 우리 마음은 그 만큼 여유로워질 것이며 즐겁게 될 것이다. 즐거우면 웃고 웃으면 '엔도르핀'이라는 호르몬이 나오기 때문이다. 성자들의 공통된 가르침인 '비워야(베풀어야) 채울 수 있다'고 하는 것은, 이런 삶이야말로 나도 행복(건강)하고 사회도 행복(건강)할 수 있기에 하는 말씀일 것이다.

(10) 소차다보少車多步 : 자동차를 적게 타고 많이 걷자.

바쁜 현대생활에서 자동차를 타지 않을 수는 없겠지만 바쁘다는 핑계로 가까운 거리도 차를 타게 되는 습관이 팽배되어 있다. 조물주가 인간을 설계할 때는 적당한 활동을 할 때 몸이 정상기능을 할 수 있도록 해 놓았다. 먹을 것이 풍부해져 양이나 질적인 면에서 옛날에 비해 좋아졌음에도 에너지를 연소시킬 육체적 활동은 적게 하는 것이다. 그러니 차에 비유하면 완전연소가 되겠는가?

오행체질 분류표

오행	목木	화火	상화 相火	토土	금金	수水
장부	간·담낭	심·소장	심포, 삼초	비·위장	폐·대장	신장·방광
방위	동쪽, 동남쪽	남쪽, 남서쪽	공간	중앙	서쪽, 서북쪽	북쪽, 동북쪽
육기	풍風 (바람)	서暑 (열熱)	화火 (빛光)	습濕 (습기)	조燥 (건조함)	한寒 (차가움)
계절	봄	여름	환절기	장하	가을	겨울
색상	청靑	적赤	빛光	황黃	백白	흑黑
소리	호呼 (부르다)	소笑 (웃다)	흐느낌	가歌 (노래)	곡哭 (울다)	신呻 (신음하다)
감정	노怒 (성내다)	희喜 (기쁘다)	불안不安	사思 (생각하다)	비悲 (슬프다)	공恐 (두렵다)
인격	인仁 (어질다)	예禮 (예바르다)	능能 (능하다)	신信 (믿다)	의義 (옳다)	지智 (슬기롭다)
몸통	목	얼굴	생명	배	가슴	허리
육체	근筋 (힘줄)	혈血 (피혈)	신경神經	육肉 (고기)	피皮 (가죽)	골骨 (뼈골)
관절	고관절 (엉치뼈)	주관절 (팔꿈치)	견관절 (어깨뼈)	슬관절 (무릎)	수관절 (손목)	족관절 (발목)
분비물	눈물	땀	한열	개기름	콧물	침
반작용	한숨	딸꾹질	진저리	트림	재채기	하품
작용	완緩 (느리다)	산散 (흩어지다)	력力 (힘력)	고固 (굳다)	긴緊 (굳게 얽다)	연軟 (연하다)
오체	눈	혀	눈썹	입술	코	귀
눈	검은자	핏줄	시력	눈꺼풀	흰자위	동자
코	콧등	목간	냄새	코끝	미간	코밑
입	목구멍	혀	말	입술	입천장	치아
육향 (냄새)	신내 누린내	불내 단내	생내 먼지내	향내 고린내	비린내 화한내	지린내 짠내

참고문헌

김은숙, 장진기, 『치유본능』, 판미동, 2012.
김인술, 『잃어버린 생명의 밥상』(고우석 감수), 밀알, 2006.
김정숙, 『식탁 위의 보약 건강 음식 200가지』, 아카데미북, 2008.
김춘식, 『오행생식요법』, 청홍, 2004.
박명윤, 이건순 박선주, 『파워푸드 슈퍼푸드』, 푸른행복, 2010.
박명희, 『의사가 환자를 만들고 약이 병을 키운다』, 원앤원스타일, 2015.
박찬국 외 3인, 『현토 황제내경 강해』, 경희대 출판국, 1998.
박춘서, 『손상된 DNA를 회복하는 음식치료』, 건강다이제스트사, 2009.
배종진, 『우리 몸에 좋은 30가지 약용식물활용법1』, 다차원 북스, 2018.
선재, 『선재 스님의 사찰음식』, 디자인하우스, 2005.
심상룡, 『한방식료사전』, 창조사, 1976.
양승, 『도호약선본초학』, 백산출판사, 2015.
양승, 『도호약선이론』, 백산출판사, 2015.
이성우, 『고려 이전 한국식생활사 연구』, 향문사, 1978.
이성재, 『약은 생략하고 의사는 의심하라』, 위드스토리, 2013.
이승혁, 『밥상 위의 항암식품』, 건강다이제스트사, 2004.
장석종, 『오감멀티 테라피』, 서교출판사, 2019.
장석종, 『자연치유를 증진하는 체질과 푸드체라피』, 도서출판 신정, 2009.
정통침뜸교육원 교재위원회 엮음, 『장상학』, 정통침뜸연구소, 2014.
채경서, 『두부- 잘먹고 잘사는 법 시리즈』, 김영사, 2006.
최철한, 『사람을 살리는 음식 사람을 죽이는 음식』, 라의눈, 2015.